自由地读书

| 梦天新集 |

星星离我们有多远

卞毓麟◎著

语文
教材配套阅读
八年级上

人民教育出版社
·北京·

图书在版编目（CIP）数据

梦天新集：星星离我们有多远 / 卞毓麟著. —北京：人民教育出版社，2017.8
（2023.4 重印）
（名著阅读课程化丛书）
ISBN 978-7-107-32146-7

Ⅰ. ①梦…　Ⅱ. ①卞…　Ⅲ. ①天文学—青少年读物　Ⅳ. ①P1-49

中国版本图书馆 CIP 数据核字（2017）第 242945 号

梦天新集：星星离我们有多远

责任编辑　李世中
装帧设计　胡素芬

出版发行　人民教育出版社
　　　　　（北京市海淀区中关村南大街 17 号院 1 号楼　邮编：100081）
网　　址　http://www.pep.com.cn
经　　销　全国新华书店
印　　刷　北京中科印刷有限公司
版　　次　2017 年 8 月第 1 版
印　　次　2023 年 4 月第 16 次印刷
开　　本　787 毫米 ×1 092 毫米　1/16
印　　张　15
字　　数　230 千字
定　　价　32.80 元

走近名著

　　孙悟空一个跟头就能翻出去十万八千里，可是他从东土大唐一连翻了两千多个跟头，还是没能到达太阳。1秒钟就能飞1千米的现代超高速飞机，从北京飞17分钟即可直达上海，可是按照这样的速度，却要不停地飞上4年9个月才能从地球到太阳。就连每秒钟可以前进30万千米的太阳光，也得在路上花费8分19秒钟才能照到地球上。那么，太阳离地球究竟有多远呢？天文学家告诉我们，答案是149 597 870千米。然而，天文学家又是怎么知道的呢？在这个问题的背后，有许许多多精彩的科学故事，它们就写在《梦天新集：星星离我们有多远》这本书里。

　　有趣的事情远不止于此。太阳只是宇宙中一颗很普通的恒星，可以说，满天的恒星都是远方的太阳。星星同我们的距离非常遥远，比如一颗名叫半人马座比邻星的恒星，同太阳相距大约41万亿千米，光线通过这段距离差不多要花费4年3个月，而它却还是离太阳最最近的恒星邻居呢！

　　在天文学中，光线行进一年所走过的距离叫作1光年。天狼星是整个夜空中最亮的恒星，它同我们相距8.7光年。分别位于银河两岸的牛郎星和织女星，彼此相距16光年。天鹅座中的第一亮星天津四距离我们达1 600光年……天文学家又是怎样知道这一切的呢？本书条理清晰而又形象生动地一一揭开了它们的神奇面纱。

　　天文学是一门引人入胜的学问。大家知道，研究天文学需要进行艰辛的观测，进行复杂的计算，还需要绞尽脑汁地思考。与此同时，天文学所揭示的宇宙奥秘却又那样地富有诗意。请想想吧，人类生活在小小的地球上，面对着浩瀚无垠的宇宙，从"近"处的太阳和行星,到远达成千上万光年的银河系内的其他天体,再到百万光年甚至百亿光年开外的河外星系,必须有各种不同的"量天尺"来测量和估算它们的距离。如何寻找和设置这一把把不同的"量天尺",其实都是当代天文学中既基本又尖端的问题。要把每一层次各有特色的事情介绍清楚,又能贯穿起来做到全局脉络分明,也就成了科学普及中的一个既基本又尖端的问题。

幸好,《梦天新集:星星离我们有多远》成功地解决了这个问题。这是一本启迪思维的书,作者用陈述故事的方式把历代天文学家创造"量天尺"的过程放到科学原理的叙述中,这样既介绍了科学知识又饶有兴味地衬托出历史人物和背景。这种"与其告诉结果,不如告诉方法"的写作手法,正是"授人以鱼不如授人以渔"的灵活运用,读者无疑将能从中得到更多的收获。

人类探索天体距离的努力延续了几千年,要在一本小书里阐明这一切绝不是容易的事情。作者巧妙地借助种种浅显易懂的比喻,用通俗流畅的语言引入常人未曾接触的概念,并用两段"间奏"将原本不很连续的片段巧妙地衔接起来,使得全书浑然一体。作者又以宇宙航行和期望跟"宇宙人"取得联系的努力丰富了读者的想象,把人们带到了拜访牛郎、问候织女、归来依然年青的奇妙境界。

古往今来,人们仰望天空,但见耿耿银汉、群星争辉,多少人为之陶醉,多少人赋诗抒怀。《梦天新集:星星离我们有多远》为我们展示了一代代天文学家如何前赴后继,锲而不舍地筑成了通向遥远距离的阶梯。细细品读这本书吧!相信你能从中领略到人类认识能力之伟大,领悟到科学精神之崇高与不朽。

阅读建议

一、阅读规划

花多长时间阅读，挑什么时候阅读，同学们可以根据自己的阅读习惯与具体情况，有个人的安排，这个安排应当尽量具体，当然也要可行。

《梦天新集：星星离我们有多远》由上篇"星星离我们有多远"与下篇"难忘的天文故事"两部分组成。如果你感觉平常上课、写作业的时间较为紧张，那么可以把课后与周末的时间有效利用起来，用三周的时间读完《梦天新集：星星离我们有多远》。下面的阅读规划，同学们可以参考。

时 间	课 后	周 末
第一周	作者的话 序曲 大地的尺寸	明月何处有 太阳离我们多远 间奏：关于两大宇宙体系
	第一周阅读结束后，完成"阅读规划进度及自我测评"	
第二周	测定近星距离的艰难历程 通向遥远恒星的第一级阶梯 再来一段插曲：银河系和岛宇宙	通向遥远恒星的第二级阶梯 欲穷亿年目　更上几层楼 尾声
	读完上篇"星星离我们有多远"后，完成"阅读规划进度及自我测评"	
第三周	从小行星到矮行星	元代杰出的科学家郭守敬
	读完下篇"难忘的天文故事"后，完成"阅读规划进度及自我测评"，阅读"资料链接"并完成"阅读札记"	

每读完一篇文章，就在书中空白处或者自己的笔记本上写下自己学到的知识点或者存在的疑问，记录读书时的所思所想，养成良好的阅读习惯。读完全书后，可以在阅读交流环节与老师、同学进行探讨与分享。

二、阅读策略

《梦天新集：星星离我们有多远》将历代天文学家创造"量天尺"的过程铺陈开来，介绍了从近处的月亮到极远处的类星体的距离的量估，既蕴含着丰富的科学知识，又穿插着介绍了历史人物和背景。全书立意清新，逻辑严谨，文笔流畅。作者把天文故事讲得生动有趣，是一部难得的天文科普佳作。

科普作品是什么？科普作品是一种以向大众普及科学知识为主要目的的作品，主要功能是宣传普及科学知识。科普作品不同于一般的散文、小说，如果只是草草阅读，很容易"读不进去"，无法理解作者的意图与文章的精要之处。因此，阅读科普作品所需要的主动性比其他的书还要多，我们应当全神贯注地投入自己的思想感情。

科学是一门美妙的艺术，人人都可以走近科学。但正如聆听古典音乐需要慢慢入门一样，欣赏科学也需要一个渐进的过程。这个过程丰富多彩，而阅读永远是特别重要的一个方面。欣赏科学，最重要的是掌握合理的阅读方法。用合理的阅读策略读书，我们就会发现科学很有趣，欣赏科学的阅读是愉快的。

阅读本书，不妨采取分析阅读的方法。分析阅读是全盘的阅读、完整的阅读，要善于在阅读过程中对作品提出许多有系统的问题，并在寻找答案、解决问题的过程中，真正咀嚼与消化从书中摄取的知识。当然，阅读的过程中也会遇到困难。但是只要按时完成阅读规划，毫不懈怠，就可以慢慢克服困难，还会发现很多意想不到的乐趣。

《梦天新集：星星离我们有多远》是一本天文科普作品。在科普作品中，主要词语通常都是一些专业的科学技术用语，这些特殊的词语很容易在阅读中发现并记忆。科学要说的是一般的现象，事物变化的一般规则，主旨通常都是很鲜明的。你也可以从最重要的句子中，抓住文章的主旨。同时，也要了解科普作品常用的说明方法，包括列数字、作比较、打比方、分类别、作假设、举例子、引用等。在阅读中，记录下那些生动形象、富有感染力的语句，有助于提升自己的写作技巧。

阅读科普作品，还应在阅读中品味作品的趣味性和新奇性，从而进一步领会作品中体现的科学精神和科学思想方法。"纸上得来终觉浅，绝知此事要躬行"，我们不妨去天文馆一览宇宙奥妙，或是观察各种天文仪器，或是参观各项展览、参加天文科普讲座，在实践中逐步提升自己的科学素质。

每当夜色悄然降临，遥望静谧的天际，明月当空，繁星如织，茫茫宇宙总是令大地上的人类心生向往。正因为我们能够感知、观察、理解到的部分只是沧海一粟，才更要执着地去探寻星空与宇宙的奥秘。天上的星星到底离我们有多远呢？翻开这本书寻找答案吧，书中自有"量天尺"！

CONTENTS

目录

上篇　星星离我们有多远

作者的话

60多年前，我刚上初中时读了一些通俗天文作品，逐渐对天文学产生了浓厚的兴趣。半个多世纪前，我从南京大学天文学系毕业，成了一名专业天文工作者。几十年来，我对普及科学知识始终怀有非常深厚的感情。

我记得，美国著名天文学家兼科普作家卡尔·萨根（Carl Sagan，1934—1996年）在其名著《伊甸园的飞龙》一书结尾处，曾意味深长地引用了英国科学史家和作家布罗诺夫斯基（Jacob Bronowski，1908—1974年）的一段话：

> 我们生活在一个科学昌明的世界中，这就意味着知识的完整性在这个世界起着决定性的作用。科学在拉丁语中就是知识的意思……知识就是我们的命运。

这段话，正是"知识就是力量"这一著名格言在现时的回响。一个科普作家、一部科普作品所追求的最直接的目的，正是启迪人智，使人类更好地掌握自己的命运。普及科学知识，亦如科学研究本身一样，对于我们祖国的发展、进步是至为重要的。天文普及工作自然也不例外。

因此，我一直认为，任何科学工作者都理应在普及科学的园地上洒下自己辛劳的汗水。你越是专家，就越应该有这样一种强烈的意识：与更多的人分享自己掌握的知识，让更多的人变得更有力量。我渴望在我们国家出现更多的优秀科普读物，我也希望尽自己的一分心力，为此增添块砖片瓦。

1976年10月，十年"文化大革命"告终，我那"应该写点什么"的思绪从蛰伏中苏醒过来。1977年初，应《科学实验》杂志编辑、我的大学同窗方开文君之约，我满怀激情地写了一篇2万多字的科普长文《星星离我们多远》。在篇首我引用了郭沫若1921年创作的白话诗《天上的市街》，并且构思了28幅插图，其中的第一幅就是牛郎织女图。同年，《科学实验》分6期连载此文，刊出后反应很好。

在科普界前辈李元（1925—2016）、出版界前辈祝修恒（1921—2010）等长者的鼓励下，我于1979年11月将此文增订成10万字左右的书稿，纳入科学普及出版社的"自然丛书"。1980年12月，《星星离我们多远》一书由该社正式出版，责任编辑金恩梅女士原是我在中国科学院北京天文台的老同事，当时已加盟科普出版社。

每一位科普作家都会有自己的偏爱。在少年时代，我最喜欢苏联作家伊林（Илья Яковлевич Ильин-Маршак，1895—1953年）的通俗科学读物。从30来岁开始，我又迷上了美国科普巨擘阿西莫夫（Isaac Asimov，1920—1992年）的作品。尽管这两位科普大师的写作风格有很大差异，但我深感他们的作品之所以有如此巨大的魅力，至少是因为存在着如下的共性：

第一，以知识为本。他们的作品都是兴味盎然、令人爱不释手的，而这种趣味性则永远寄寓于知识性之中。从根本上说，给人以力量的正是知识。

第二，将人类今天掌握的科学知识融于科学认知和科学实践的历史进程之中，巧妙地做到了"历史的"和"逻辑的"统一。在普及科学知识的同时，钩玄提要地再现人类认识、利用和改造自然的本来面目，有助于读者理解科学思想的发展，领悟科学精神之真谛。

第三，既讲清结果，更阐明方法。使读者不但知其然，而且更知其所以然，这样才能更好地开发心智、启迪思维。

第四，文字规范、流畅而生动，决不盲目追求艳丽和堆砌辞藻。也就是说，文字具有质朴无华的品格和内在的美。

效法伊林或阿西莫夫这样的大家，无疑是不易的，但这毕竟可以作为科普创作实践的借鉴。《星星离我们多远》正是一次这样的尝试，它未必很成功，却是跨出了凝聚着辛劳甘苦的第一步。

再说《科学实验》于1977年底连载完《星星离我们多远》之后8个月，香港的《科技世界》杂志上出现了一组连载文章，题目叫作"星星离我们多么远"，作者署名"唐先勇"。我怀着好奇的心情浏览此文，结果发现它纯属抄袭。我抽查了1500字，发现它与《科学实验》刊登的《星星离我们多远》的对应段落仅差区区3个字！

这件事促使我在一段时间内更多地思考了一个科普作家的道德问题。首先，科普创作要有正确的动机，方能有佳作。从事科学事业——无论是科研还是科普——的人，若将目光倾注于名利，则未免可悲可叹。我们应该记住乐圣贝多芬（Ludwig van Beethoven，1770—1827年）的一句名言："使人幸福的是德行而非金钱。这是我的经验之谈。"

其次，是"量"与"质"的问题。曾有人赐我"高产"二字，坦率地说，我对此颇不以为然。我钦佩那些既能"高产"，又能确保"优质"的科普作家。然而，相比之下，更重要的还是"好"，而不是单纯的"多"或"快"。这就不仅要做到"分秒必争、惜时如命"，而且更必须"丝毫不苟、嫉'误'似仇"了。

《星星离我们多远》一书出版后，获得了张钰哲（1902—1986年）、李珩（1898—1989年）等前辈天文学家的鼓励和好评，也得到了读者的认同。1983年1月，《天文爱好者》杂志发表了后来因患肝癌而英年早逝的天文史家、热情的科普作家刘金沂（1942—1987年）先生对此书的评介，书评的标题正好就是我力图贯穿全书的那条主线："知识筑成了通向遥远距离的阶梯"。1987年，《星星离我们多远》获中国科学技术协会、新闻出版总署、广播电视电影部、中国科普创作协会共同主办的"第二届全国优秀科普作品奖"（图书二等奖）。1988年，《科普创作》第3期发表了中国科学院学部委员（今中国科学院院士）、时任北京天文台台长王绶琯先生的文章《评〈星星离我们多远〉》。

光阴似箭，转瞬间到了1999年。当时，湖南教育出版社出版了一套"中国科普佳作精选"，其中有一卷是我的作品《梦天集》。《梦天集》由三个部分构成，第一部分"星星离我们多远"系据原来的《星星离我们多远》一书修订而成，特别是酌增了20年间与本书主题密切相关的天文学新进展。

又过了10年，湖北少年儿童出版社的"少儿科普名人名著书系"也相中了《星星离我们多远》这本书。为此，我又对全书做了一些修订，其要点是：

第一，增减更换大约三分之一的插图。1980年版的《星星离我们多远》原有插图62幅，1999年版的《梦天集》删去了其中的16幅，留下的46幅图有的经重新绘制，质量有所提高。但是，被《梦天集》删去的某些图片，就内容本身而言原是不宜舍弃的。于是我又再度统筹考虑，增减更换了约占全书三分之一的插图，使最终的插图总数成为66幅，其整体质量也有了明显的提高。

第二，正文再次做了修订，修订的原则是"能保持原貌的尽可能保持原貌，非改不可的该怎么改就怎么改"。例如：2006年8月国际天文学联合会通过决议将冥王星归类为"矮行星"，原先习称的太阳系"九大行星"剔除冥王星之后还剩下八个；于是，书中凡是涉及这一变动的地方，都做了恰当的修改。

第三，自1980年《星星离我们多远》一书问世几十年来，既然有了上述的种种演变，不少朋友遂建议我借纳入"少儿科普名人名著书系"之机，为这本书起一个读起来更加顺口的新名字：《星星离我们有多远》。

2016年岁末，忽闻《星星离我们有多远》已被列入"教育部统编初中语文教材自主阅读推荐书目"，这实在是始料未及的好事。于是，我对原书再行审定修订，酌增插图。这一次，除与时俱进地继续更新部分数据资料外，更具实质性的变动有如下几点：

第一，增设了一节"膨胀的宇宙"。发现我们的宇宙正在整体膨胀，是20世纪科学中意义极其深远的杰出成就，它从根本上动摇了宇宙静止不变的陈旧见解，深深改变了人类的宇宙观念。而在天文学史上，导致这一伟大发现的源头之一，正在于测定天体距离的不断进步。

第二，将原先的"类星体距离之谜"一节改写更新，标题改为"类星体之谜"，使之更能反映天文学家现时对此问题的认识。

第三，在"飞出太阳系"一节中，扼要增补了中国的探月计划"嫦娥工程"，并说明中国的火星探测也已在积极酝酿之中。

遥想1980年，《星星离我们多远》诞生时，我才37岁。弹指一挥间，正好又过了37年，而今我已经74岁了。一年多以前，年近九旬的天文界前辈叶叔华院士曾经送我16个字："普及天文，不辞辛劳；年方古稀，再接再厉！"这次修订《星星离我们有多远》，也算是"再接再厉"的具体表现吧，盼望少年朋友们喜欢它！

承蒙王绶琯院士慨允将书评《评〈星星离我们多远〉》、刘金沂夫人赵澄秋女士慨允将书评《知识筑成了通向遥远距离的阶梯》作为本书附录，谨此一并致谢。

卞毓麟
2017年暮春于上海

序　曲

"天上的市街 [1]"

朋友，您吟诵过这样一首诗吗——

远远的街灯明了，
好像是闪着无数的明星。
天上的明星现了，
好像是点着无数的街灯。

我想那缥缈的空中，
定然有美丽的街市。
街市上陈列的一些物品，
定然是世上没有的珍奇。

你看那浅浅的天河，
定然是不甚宽广。
我想那隔河的牛女，
定能够骑着牛儿来往。

---

[1] 天上的市街：此处所录系本诗1922年首次发表时的原题原文。20世纪50年代初的课本编者出于某些原因，曾征得郭沫若先生本人同意，将标题中的"市街"改为"街市"，现行七年级语文教材亦保留这一改动。但在郭沫若亲自审定的文集中，仍将篇名保留为《天上的市街》，如1957年人民文学出版社出版的《沫若文集》第一卷等作品均保留此诗原貌，不作任何改动。1980年《星星离我们多远》成书时，即引用《天上的市街》初版原文，现一仍其旧，特此说明。

我想他们此刻，
定然在天街闲游。
不信，请看那朵流星，
是他们提着灯笼在走。

这首白话诗，作于1921年。其高远的意境，丰富的想象，纯朴的言语，浪漫的比拟，冲破了日益衰颓的旧文化的桎梏，体现出一代新风。它的题目，叫作《天上的市街》。

这首白话诗的作者，当时还是一位不满30岁的青年。他才气横溢，风华正茂。不多年间，他的名字便传遍了海北天南。他，就叫郭沫若。

古往今来，夜空清澈，群星争辉。多少人因之浮想联翩，多少人为之向往入迷啊！我们要谈的，正是这天上的星星；要谈的，是它们离人间有多远。或许，可以这样说吧：我们将要告诉读者，郭老诗中的"天上的市街"究竟远在何方呢？

诗中写到了天河，写到了牛郎织女，我们就从这谈起吧。

星座与亮星

初秋晴夜，银河高悬，斜贯长空。银河，有许多别名。在西方，它叫作"乳色之路"（The Milky Way）；在我国古代，它又叫银汉、高寒、星河、明河、天河……千百年来，牛郎织女的神话故事一直脍炙人口。天河两岸，很容易找到"牛郎"和"织女"，它们是两颗很亮的星。牛郎在河东，又名"河鼓二"。它的两旁，各有一颗稍暗的星。三星相连，形如扁担。牛郎居中，两端宛如一副箩筐，所以它们又合称为"扁担星"。据说，每年农历七月初七，牛郎就将他的两个娃娃放在箩筐里，挑起扁担，去与织女"鹊桥相会"啦！织女在河西，与牛郎以及自己的孩子遥遥相望。她的近旁有四颗星构成了一个平行四边形，宛如织布用的梭子一般，它正是织女的劳动工具。另外还有一种传说：就在牛郎星附近有着五颗小星，中国古称"匏瓜五星"的，其中一、二、三、四这四颗星连贯起来组成一个菱形，很像一个织布的梭子。它是织女为了表达自己的情思而抛给牛郎的，因此民间便称它为"梭子星"了。天河之中，牛郎织女之间，有六颗亮星组成一个巨大的"十"字。请看图1，如果我们将它想象为神话中的"鹊桥"，那岂不是既很自然又很有趣吗？

世界上各个古老的民族，都以其长着翅膀的丰富想象力，驰骋在天上人间。他们对同样的星空孕育和产生了各不相同、却又同样妙趣横生的神话传说。上面提到的那个大"十"字，古代欧洲人将它想象成一只展翅翱翔的天鹅。因此，它所在的那个星座就被叫作"天鹅座"。这个大"十"字，因为出现在北半天空上，西方人又将它称为"北天十字架"，简称"北十字"。

什么是星座呢？简而言之，古人为了更方便地辨认星空，就用种种想象中虚拟的线条，将天上较亮的那些星星分群分组地联结起来，这些星群便称为"星座"。人们又以更加丰富的想象力，让一群群星与许多神奇的故事挂上钩。因此，诸星座最古老的名称通常都溯源于古老的神话与传说（图2）。

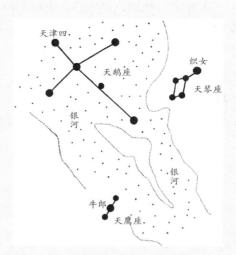

图1　牛郎星、织女星和有关星座

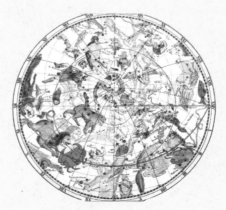

图2　在充满神话形象的古典星图上，北半球的星空仿佛成了一个天上的动物园

世界上最早划分星群的，也许是苏美尔人。他们生活在美索不达米亚平原两河流域的下游，如今属于伊拉克的地方。大概在公元前4000年，他们便在辨认星空时将群星"分而治之"了。他们在公元前3000年左右已经创建了一套书写系统，用文字记下自己的历史。那时，他们已开始系统地注意行星的运动。倘若将苏美尔人的观测当作人类系统观测天象的开端，那么这种世代相传的天文观测绵延至今便已有6000年之久。

在这漫长的岁月中，星座的概念有了极大的发展。演变到公元2世纪，经过古希腊天文学家的详细描述，北天40个星座的雏形便大体确定下来。至于南天的48个星座，那是17世纪后通过航海家和天文学家们的系统观察才逐渐定型的。由于近代科学的启蒙与发展，南天星座中便夹杂着用科学仪器命名的名称，例如显微镜座、六分仪座、罗盘座、望远镜座等；而北天星座的名称则依然充满着古老神话的色彩：仙女座、仙后座、武仙座、飞马座、天鹅座……

现代对星座的划分，建立在更精确的基础上。国际上统一地将整个天空划分成大小不等的88个区域，每个区域便是一个星座，它们犹如地球上大大小小的许多国家。每个星座中都有许多星星，恰似每个国家都有许多城市和村镇一般。牛郎星是"天鹰座"中最亮的星星，按国际统一称呼，它就叫"天鹰α"。α（阿尔法）乃是希腊文中的第一个字母。织女星是"天琴座"中最亮的星，所以称为"天琴α"。同样，天鹅座中最亮的星就叫"天鹅α"，它就在那只大天鹅的尾巴上，所以阿拉伯人又叫它"戴耐布"（Deneb），意为"天鹅之尾"。我国人民自古以来一直叫它"天津四"。图3中还标出另一些星星的名字：天鹅座中的β（贝塔）、γ（伽马）、δ（德尔塔）、ε（艾

图3　天鹅座，天津四和天鹅61星

普西隆）、ζ（泽塔）和η（伊塔）等，它们分别用希腊文中的第二至第七个字母表示。

一个星座中的星星是很多的，而希腊字母只有24个，每颗星用掉一个字母，不够用了怎么办呢？不要紧，还有拉丁字母；拉丁字母用完后，还可以干脆给星星编上号，例如图3中的天鹅61星便是这样。或者，还可以给星星专门列出一份份"花名册"，它们称为"星表"。在星表中给每一颗星指定一个号码，这也就是它的名字了。比如天鹅61，实际上是一个双星系统，由两颗互相绕着转的恒星组成；这两颗星中的每一颗，都称为该双星系统中的一颗"子星"，它们的名字分别叫天鹅61A和天鹅61B。同时，这两颗星在"HD星表"中的编号分别为201091和201092，故又称HD 201091和HD 201092。这里，HD乃是美国天文学家亨利·德雷珀（Henry Draper，1837—1882年）姓名的首字母缩写。这位亨利·德雷珀原本是学医的，做过短时期的外科医生。他对天文学非常入迷，便于1861年在父亲的庄园里自建了一座天文台。后来德雷珀成了擅长用照相方法拍摄恒星光谱的专家，可惜他45岁时就染患肺炎去世了。他的遗孀设立了德雷珀纪念基金，以资助哈佛学院天文台拍摄和研究恒星光谱，后来又出版了亨利·德雷珀星表，即HD星表。

中国古代经常使用"星宿"这个名称。"二十八宿"就是大致沿黄道分布的28个天区，它们各有自己的名字，如"角、亢、氐、房"等。这些星宿的名字，化作神话人物，频频出现在中国古典文学作品中。例如，在《西游记》中很有名的"昴日鸡"就是昴宿的化身，它的神话形象是一只威武雄壮的大公鸡。从天文学的角度来看，星宿和星座并没有本质上的差别，只是与此有关的神话传说和相应的名称反映了东西方传统文化的差异。如今，虽然国际上已经统一采用共同的星座体系，但我们中国人谈到流传至今的这些星宿的名称仍然深感亲切而有趣。

可是，美妙的星座，灿烂的群星啊，你们究竟离我们有多远呢？

这是一个曲折动人而又绵长的故事。亲爱的读者，下面让我们来看看古人是怎样想的吧。

大地的尺寸

首次估计地球的大小

在很久很久以前，人们无疑发现"天"是很远的。因为，无论你站在地上，爬到树上，还是攀至山巅，天穹总是显得那么高，日月星辰始终是那么远。有什么办法知道星星的距离呢？

曾经，人们以为地球就是宇宙的中心，以为太阳、月亮、行星和恒星都绕着地球转，以为所有的恒星都镶嵌在一个透明的球（也许是个硕大无朋的水晶球）上，这个球就叫作"恒星天球"，或者叫作"恒星天"。对恒星天的距离有过种种猜测，就像对"月亮天""太阳天""水星天"……的距离有过种种猜测一样。

古希腊有一位聪明的哲学家和数学家，名叫毕达哥拉斯（Pythagoras，约公元前580—约前500年）。他出生于爱琴海中的萨摩斯岛，后来创立了一种有点神秘色彩的学派，即毕达哥拉斯学派。这一学派对数学和天文学很感兴趣。例如，毕达哥拉斯本人发现，在直角三角形中，两直角边的平方之和恰好就等于斜边的平方。学过初等几何的人都知道，这正是"勾股定理"，西方人称之为"毕达哥拉斯定理"。

毕达哥拉斯对声学也很有研究。他发现乐器的琴弦做得越短，发出的音调就越高。例如，一根琴弦的长度比另一根长一倍，那么它发出的声音恰恰低八度。如果琴弦长度的比率为3:2，就会产生所谓五度音程。增加琴弦的张力，音调也会随之提高。于是，声学就成了物理学研究的一个分支。毕达哥拉斯认为宇宙极端美妙和谐，其表现之一便是八重天的高度恰好与八度音的音高成正比。这种想法在今天看来不免可笑，但对于2000多年前的古希腊人来说，不正是对"星星离我们有多远"的一种猜测吗？

中国古籍《列子·汤问》篇中有一个著名的故事，叫作"两小儿辩日"。其中一个小孩说早晨的太阳离我们更近些，因为它看起来较大；另一小孩则说中午的太阳离大地更近，因为它比早晨的太阳热得多。他俩当然不知道太阳究竟有多远，可是"太阳的远近"这个问题却提出来了。

　　估算天体绝对尺度的第一级入门之阶，是测量地球本身的大小。那已经是2200多年前的事情了。当时的古埃及有一座非常繁华的城市——亚历山大城，多少年来西方人赞不绝口的"世界七大奇迹"之一——亚历山大灯塔，就屹立在从地中海进入亚历山大港的咽喉之地法罗斯岛上（图4）。亚历山大城的大图书馆是当时世界上最先进的文化中心，令人痛惜的是，大约在公元前3世纪，一场大火吞噬了图书馆本身和它的全部馆藏。亚历山大城图书馆曾有一位名叫埃拉托色尼（Eratosthenes，约公元前276—约前194年）的馆长。他是阿基米德（Archimedes，约公元前287—约前212年）的朋友，不仅

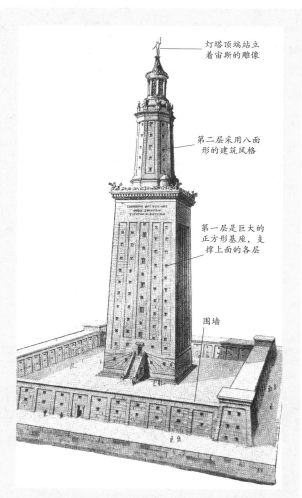

灯塔顶端站立着宙斯的雕像

第二层采用八面形的建筑风格

第一层是巨大的正方形基座，支撑上面的各层

围墙

图4　古埃及时代建造的亚历山大灯塔高约134米，是当时高度仅次于胡夫大金字塔的世界第二高建筑物。在长达1500年的岁月中，它曾引导无数船只进入亚历山大港。这座灯塔经受了一系列地震的考验，最终在1349年倒塌沉入海底

通晓天文学、地理学，而且还是历史学家。他绘制当时所知的世界地图，从不列颠群岛到锡兰（今斯里兰卡），从里海到埃塞俄比亚，胜过在他之前所绘制的任何地图。在天文学方面，埃拉托色尼确定了地球赤道平面与太阳周年视运动平面（即"黄道面"）所交的角度，也就是测定了"黄赤交角"的大小。他还绘制了包含675颗恒星的星图。不过，他最惊人的成就，还是在公元前240年测定了地球的大小。

埃拉托色尼思索着这样一个事实：6月21日夏至这天正午，太阳在塞恩城（现代埃及的阿斯旺）正当头顶，但在塞恩城北面5 000希腊里（1希腊里≈158.5米）的亚历山大城，这时的太阳却不在头顶（图5）。在那儿，阳光对铅垂线倾斜了一个小小的角度z（约7.2º），这个角度正好等于一个圆周的1/50。埃拉托色尼认识到，造成这种差异的原因必定是由于大地表面的弯曲。既然经过从塞恩城到亚历山大城的这5 000希腊里（约792千米），地球表面弯曲了一个圆周的1/50，那么整个地球的周长应该是多少希腊里，或者多少千米呢？

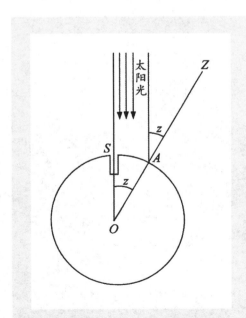

图5 埃拉托色尼测量地球周长的方法示意图。图中S代表塞恩城，A代表亚历山大城

当然，这里有一个前提，那就是古希腊人接受大地呈球形这一观念。从唯美的信念出发，球形也是所有形体中最匀称、最完美的构形。

对埃拉托色尼来说，这样的数学问题真是太简单了。今天一位聪明的小学生就能算出它的答案，结果是：地球的周长为5 000×50=250 000（希腊里），相当于39 600千米有余，地球的直径则约为12 700千米。它与今天用现代技术测量的结果接近得真是令人吃惊。如今，人们知道地球的直径是12 742千米，周长则约为40 000千米。

埃拉托色尼80岁时双目失明，精疲力竭，最后绝食而亡。很可惜的是，古希腊人并未普遍接受他得出的关于地球大小的这个准确数值。大约在公元前100年，另一位古希腊天文学家波西冬尼斯（Posidonius，约公元前135—约前50年）用同样的方法重复了埃拉托色尼的工作。他在测量中利用的不是太阳，而是老人星（船底α）。波西冬尼斯不如埃拉托色尼测得那么准确，得到的地球周长仅约18万希腊里，还不足29 000千米。

结果，从古希腊最后一位杰出的天文学家托勒玫（Ptolemy，拉丁名为Claudius Ptolemaeus，约90—约168年）直到发现新大陆的航海探险家哥伦布（Christopher Columbus，约1451—1506年），都采用了波西冬尼斯这一过于小的数字。只是到了葡萄牙探险家麦哲伦（Ferdinand Magellan，约1480—1521年）船队的幸存者们历尽艰难险阻，终于在1522年环绕地球一周回到欧洲后，才纠正了这一错误。

不过，在麦哲伦之前800年，在欧亚大陆的另一端，就进行了世界上第一次大规模的子午线实地测量。

第一次丈量子午线

子午线，就是地球上通过南北两极的大圆，也叫"经度圈"。从地球的赤道算起，沿着子午线向南北各走90°，就到了南北极。从南极到北极的半个大圆是180°，因此只要测出每1°的长短为多少千米，那么乘上360之后，就得到整个地球的周长了。

世界上第一次子午线实测工作，是在我国唐朝时进行的。唐代有不少学识渊博的高僧。他们之中不仅有西天取经的玄奘，有东渡日本的鉴真，还有著名的天文学家一行（683—727年）。一行原名张遂，是河南南乐县人。他的曾祖父原是唐太宗李世民的功臣，但在武则天执政时代，张氏家族因政治原因而衰落了。张遂从小刻苦自学，青年时代已成为长安城中的知名学者。他为躲避皇室权贵、武则天的侄儿武三思的拉拢而剃发，出家于嵩山寺，法名一行。

僧一行翻译过佛经多种，后来成为佛教中的一派——密宗的一位领袖，即世称的密宗五祖之一。日本有几座著名古庙，至今还收藏唐人李真绘的一行像摹本多种。1973年，中国出土文物展览代表团赴日，带

图6　唐代天文学家僧一行像（日本兵库净土寺藏唐人李真画摹本）

回它们的照片。李真的原作现由日本京都府教王护国寺珍藏，被日本政府定为"国宝"（图6）。

公元717年，一行35岁时，唐玄宗派专人去接他回到长安。一行的一生，对天文学做出了许多重要贡献。他的成就遍及历法、天文仪器、大地测量等许多方面。这里，我们最感兴趣的是从公元724年起，一行发起并领导的全国性天文大地测量。那次测量的整体规模很大，共有北起铁勒（今贝加尔湖附近）、南达林邑国（今越南中部）的13个测点。在河南省进行的那一组观测最为重要，由太史丞（唐代政府当时执掌天文的职官）南宫说亲自负责，在大致位于同一经度上的白马（滑县）、浚仪太岳台（开封西北郊）、扶沟（扶沟县）、武津（上蔡县）4个地方，测量了冬至、夏至、春分、秋分时的日影长度、冬至和夏至的昼夜时间长度、当地北天极的地平高度，以及这4个地方之间的距离。最后由一行统一归算定出：南北两地相距351里80步，北极高度相差一度。现代天文学家做了许多考证，力求将唐代的计量单位转换为如今常用的单位。据此推算，一行的上述结果用今天的话来说，就是子午线每1°弧长为131.11千米。

这个结果虽然不够精确，约比现代测定的准确数值大20%，但它却是世界史上第一次子午线实测。在没有现代化精密仪器的1 200多年以前，完成如此复杂的测量和计算，实在是难能可贵的。国外首次实测子午线是阿拉伯帝国阿拔斯王朝的第七代哈里发马蒙（al-Mamun，786—833年）主持在美索不达米亚平原进行的，那时一行已经去世一个世纪了。

到了我国的元朝初年，元世祖忽必烈决定制定、颁行一部比先前更精准的新历法。这时，杰出的天文学家、水利学家郭守敬[①]

———————————

① 郭守敬：详见本书下篇《难忘的天文故事》之"元代杰出科学家郭守敬"。

（1231—1316年）向忽必烈进言，唐代的一行和南宫说领导的那次天文大地测量，在全国各地一共设立了13个观测点。如今元帝国的疆域比唐朝更加辽阔，故应设置更多的天文观测点，这对于制定新历法至关重要。

郭守敬的提议获得了忽必烈的赞同。除京城大都（今北京）而外，郭守敬在全国共选定26个观测点，选拔了14名熟悉天文观测技术的人员，分赴各地进行测量。他本人亲率一支人马，由上都、大都，历河南府，抵南海测验日影。这次全国范围的测量史称"四海测验"，其南北跨度达10 000余里，东西方向差不多也有5 000里。无论是在中国，还是在世界上，都堪称规模空前。四海测验先后取得两批观测材料，总的说来，测量结果相当不错。例如第二批资料是测得20个地点的纬度，同现代测量值相比，有9处的误差不超过0.2°，其中有两处完全吻合。20个地点纬度的平均误差约为0.35°，即仅20′左右。

四海测验扩充了当时的天文学知识，为制定新历法提供了重要的数据和参考资料。它是在明清时期西学东渐以前，中国古代天文学家最后一次独立完成的天文大地测量。再后来，到了明末清初，随着欧洲近代科学的兴起，中国古老的天文学就开始显得落伍了。

那么，近代对子午线每度的弧长又是怎样测量的呢？

三角网和大地的模样

在图7（甲）中，需要测量子午线上相差1°的两点A，B之间的距离。但是，它们之间有山有树又有建筑物，再加上地球表面的弯曲，几千米外便是地平线，所以，A，B两地是不能互相直接看见的。测量必须迂回进行。

我们可以在图7（甲）中的a，b，c……各处立下标杆，组成一个"三角网"。立标杆的要求是：

（1）站在每一根标杆处都可以看到相继的两根标杆：在A处可以看见a和b；在a处又可以看见b和c；在b处可以看见c和d……

（2）第一条直线Aa的长度可以用很准的尺直接量出来，它是整个测量工作的基础，因此称为"基线"。

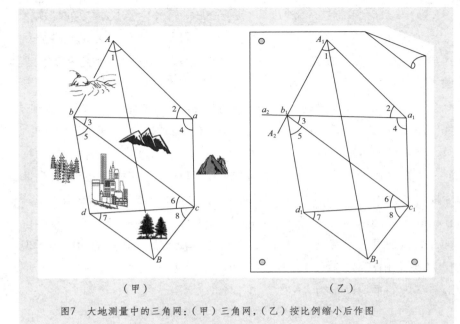

（甲）　　　　　　　　　　（乙）

图7　大地测量中的三角网：（甲）三角网，（乙）按比例缩小后作图

测量就从第一个△Aab开始。我们知道，在一个三角形中只要知道一条边的长度和两个角的大小，就可以把另外两条边的长度求出来。这是平面几何学或平面三角学中最简单、最基本的问题。

在△Aab中，Aa的长度可以直接用尺量出来；测量它的两个角也是轻而易举的。例如，可以在A点先用测量仪器瞄准a处的标杆，再将仪器转动一下进而瞄准b处的标杆，于是仪器转过的角度便是∠aAb〔图7（甲）中用∠1来表示它〕。同样，可以跑到a点，测出∠Aab〔图7（甲）中用∠2表示〕的角度大小。

于是，在△Aab中知道一条边Aa的长度和两个角（即∠1和∠2）的大小，就立即可以推算出Ab和ab的长度了。

当然，我们也可以换个方法来做。对于不喜欢计算的读者（不过，对现代精密科学而言，懒于计算可不是好习惯），我们可以直接按比例作图。比如，拿一张白纸，在它上面随便点上一个点A_1。从A_1开始任意画一条直线A_1a_1〔图7（乙）〕，要求它的长度比刚才量出的Aa（比如说，它是2千米吧）缩小若干倍——假定它缩小1万倍，那么A_1a_1的长度就是20厘米。再画一条通过A_1的直线A_1A_2，使$\angle a_1A_1A_2$的大小就等于原先测量的$\angle 1$（例如，它是60°）。

接下来，我们再通过a_1画一条直线a_1a_2，使$\angle A_1a_1a_2$等于原来测量的$\angle Aab$，即$\angle 2$（例如，它是50°），直线A_1A_2和a_1a_2相交于b_1处。现在，用米尺量出A_1b_1的长度（为16.3厘米），将它重新放大1万倍（这正是刚才作图时缩小的倍数），就知道Ab的实际距离是1.63千米了。同样，还可以知道ab的距离是1.84千米。

不过，当我们需要很高的精确度（例如，需要五位、六位甚至更多位的准确数字）时，作图的方法就不能适用了。这时，仍然必须进行严格的计算。

总之，不论用什么方法，我们现在已经知道ab的长度。于是，测量工作可以转移到图7（甲）中的第二个$\triangle abc$中进行了。在这个三角形中，现在已经知道ab的长度，我们将它作为基线，再测量一下$\angle abc$〔即图7（甲）中的$\angle 3$〕和$\angle bac$（即$\angle 4$）的大小，就又可以算出ac和bc之长。

接着，又在$\triangle bcd$中，将bc作基线，再测出$\angle 5$和$\angle 6$的大小，便可得bd和cd之长。最后，在$\triangle cdB$中，基线cd之长已经求得，测量一下$\angle 7$和$\angle 8$，就知道cB和dB的长。根据上面量出、测出和求出的所有角度和线段，按一定比例将整个图形画在纸上，便可以从图上直接量出AB的长度了。当然，我们再重复一遍，要想得到AB之间距离的精确数值，还得进行计算，仅仅靠作图是不够的。

这样测量的结果是：地球上子午线每一度的弧长是111.13千米，即从赤道到两极的距离是10 002千米。整个子午圈的长度则为它的4倍，即为40 008千米。

200多年前，欧洲人进行的一些测量已经初步表明，地球并不是一个完美的球体，而是沿赤道方向稍"胖"一些，沿两极方向稍扁些。后来，这一结论又不断被种种更精确的测量所证实。

现代测量地球的形状和大小，除了用上述大地测量学的方法以外，还有所谓的"重力测量法"，以及利用人造地球卫星的"地球动力学测地法"。各种方法的联合使用，已经使测量结果的精确程度大大提高。目前国际上采用的数据是：地球的赤道半径$a=6\ 378.137$千米，极半径$c=6\ 356.752$千米。人们常常谈论地球的平均半径，它的定义是：

$$R_{地} = \sqrt[3]{a^2 c} \approx 6\ 371.0\ \text{千米}$$

人们还经常用f表示地球的"扁率"，它表征了地球"扁"或"胖"的程度：

$$f = (a - c)/a = 1/298.256$$

也就是说，地球的两极半径只比赤道半径短1/300左右。

总之，人类目前已经相当精确地知道自己的摇篮——地球的大小和模样。而且，还一步步弄清它不仅是个扁球体，还更像一个"梨"状的旋转体。人造卫星的观测表明，地球赤道本身也不是正圆形的，而是一个椭圆。不过，赤道上的最大半径比最小半径只长了100米左右。因此，地球实际上近乎是一个三轴椭球体。

总的说来，地球毕竟还是相当圆的一个大球。倘若把地球的直径缩小1 000万倍，做出一个模型，那么它的赤道就是一个半径为63.78厘米的圆，两极半径则是63.57厘米。用肉眼来看，根本不能发现它是扁的，你一定会以为它就是一个地地道道的大圆球呢。

现在，我们可以跨出自己的"家门"，开始测量离我们最近的天体——月球的距离了。

明月何处有

第一个地外目标——月球

月亮，是人类飞出地球、步入太空的第一个中途站，是人类迄今在地球之外留下足迹的唯一星球。世界上没有一个民族不对月亮抱有浓厚的感情。历代诗人留下无数吟哦明月的华美诗篇，便是最好的佐证。

人类首先测出绝对距离的那个天体正是月亮。这是很自然的，因为宇宙中再也没有比月球离我们更近的天体了。

可是，有什么办法能够知道月亮离我们究竟有多远呢？用直尺、折尺或卷尺来量吗？那当然是行不通的。然而，早在2 000多年前，就有人想出了一个相当巧妙的办法。

公元前3世纪之初，在小亚细亚的萨摩斯岛（Samos）上出现了一位最富有创见的古希腊天文学家，名叫阿里斯塔克（Aristarchus，约公元前310—约前230年）。他是杰出的天文观测家，又是一位天才的理论家。人们不知道他的生平，他的大部分著作也已失传，但是他的《论日月的大小和距离》流传了下来。

阿里斯塔克在这部著作中首先提出，如果在上弦月的时候测定太阳和月亮之间的角距离，就可以据此推算出日月到地球距离的比值（图8）。

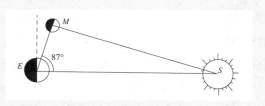

图8 阿里斯塔克测量日、月到地球距离之比值的方法。图中S代表太阳，E代表地球，M代表月亮

阿里斯塔克指出：上弦月的时候，日、月、地三者应该构成一个直角三角形，月亮在直角的顶点上。他根据观测确定，上弦时太阳和月亮在天穹上相距87°，由此可以推算出太阳比月亮远19倍。虽然这个结果只有实际数值的1/20左右，但其原理简单明了，值得赞赏。这是2 000多年前测定天体距离的第一次大胆尝试，对其结果的称颂也理应超过对它的责难。

阿里斯塔克又想到，由于日全食时月亮恰好挡满太阳，也就是说，它们的视角径相等，因此太阳的线直径必定也正好就是月亮的19倍。他还观测月食时的地影，计算出地球的影宽，进而推算出月球的直径是地球的1/3（今天知道实际是0.27倍）。因此，太阳的直径便是地球的（19×1/3）倍，即6倍有余。而太阳的体积则是地球的（19×1/3）^{3}倍，即200多倍。这比实际情况（太阳比地球大130万倍）小了许多，但足以证明地球决不是宇宙中最大的天体。在阿里斯塔克看来，小物体应该围绕大物体运转，因此太阳环绕地球旋转实在是太不合乎逻辑了。也许就是这个原因，使阿里斯塔克天才地提出太阳和恒星一样，都静止在远方，而地球则既在绕轴自转，又环绕着太阳运行。同时他还认为，恒星比地球绕太阳运行的轨道更加遥远。当时的学者不能接受阿里斯塔克的理论，甚至还指控他亵渎神灵。他关于这些想法的论著久已失传，如果不是阿基米德在著作中提到的话，那么它大概早就被人们遗忘了。然而，历史赋予了他应有的地位，他远在哥白尼（Nicolas Copernicus，1473—1543年）之前17个世纪就猜到了日心系统的概况，因此恩格斯热情地称颂阿里斯塔克为"古代的哥白尼"。

阿里斯塔克还想出一个巧妙的办法来测量地球与月亮的距离，只是直到一个半世纪之后，伊巴谷（Hipparchus，约公元前190—约前120年）才将它付诸实践。

古希腊所有的天文学家中，伊巴谷可以算是最伟大的了。遗憾的是，后人对他的生平几乎一无所知，只知道他出生于尼西亚这个地方（今土耳其的伊兹尼克），在爱琴海的罗德岛上建立观象台，发明了许多用肉眼观测天象的仪器，后来这类仪器在欧洲沿用了1700年。伊巴谷可能是在罗德岛去世的。公元二三世纪尼西亚的一些硬币上刻有他的座像，硬币上的铭文是希腊文ΙΠΠΑΡΧΟΣ，即伊巴谷。可见至少在伊巴谷的家乡，在几个世纪中他的名声一直很大。伊巴谷为方位天文学——

也就是天体测量学，奠定了稳固的基础。他测算出一年的长度是365又1/4 天再减去1/300天，这个数字与实际情况只相差6分钟。他编制了几个世纪内日月运动的精密数字表，据此可以推算日月食。他还编出一份包含1 000多颗恒星的星表，列出了它们的位置和亮度。伊巴谷是古希腊的一位知识巨人，西方人尊称他为"天文学之父"。他留下的大量观测资料，为后人的重大发现创造了条件。可惜，伊巴谷的著述均已失落，人们只是从托勒玫的著作中才了解到他的这些情况。

公元前150年前后，伊巴谷将阿里斯塔克提出的测量月亮距离的设想付诸实践。当时希腊人已经意识到，月食是由于地球处于太阳和月亮中间、从而地影投射到月亮上造成的。阿里斯塔克指出，掠过月面的地影轮廓的弯曲情况应该能显示出地球与月球的相对大小。根据这一点，运用简单的几何学原理便可以推算出月亮有多远：它与我们的距离是地球直径的多少倍。伊巴谷做了这一工作，算出月亮和地球的距离几乎恰好是地球直径的30倍。倘若采用埃拉托色尼的数字，取地球直径为12 700千米，那么月地距离就是38万千米有余。今天，我们知道月球绕地球运行的轨道是个椭圆，因此月地距离时时都在变化。月球离地球最远时为405 500千米，最近时则为363 300千米，由此可知月地之间的平均距离是384 400千米，伊巴谷的测量结果与此相当接近。

然而，尽管阿里斯塔克的方法十分巧妙，伊巴谷的观测技术又很高超，但是像他们那样做还是难以获得高度精确的结果。当近代天文学兴起之后，人们必然就会以更先进的方法来重新探讨"月亮离我们有多远"这个古老的问题。

从街灯到天灯

月亮，仿佛是一盏不灭的"天灯"。它与我们相隔着辽阔的空间，因此我们无法拿起尺子直接朝它一路量去，以确定这盏"天灯"的距离。利用月食推算的方法又过于粗略，天文学家们必须另找出路。幸好，这倒并不太困难。

人们早就懂得怎样计量地面上不能直接到达的目标有多远了。比如，在一条滔滔奔腾的大河对岸有一排街灯，我们既不用渡河，又可以知道这些灯有多远。这只要使用简单的三角测量法就行了。

例如图9（甲）中，我们站在*A*处，要测量*C*处这盏灯的距离。那可以这样做：先在当地〔图9（甲）中的*A*处〕立一根标杆，再顺着河岸向前走一段路，到某一点*B*停下，再立一根标杆。*AB*的长度可以用很准确的尺直接量出，这就是测量的基线。再用测角仪器测出∠*CAB*和∠*CBA*的大小。于是，在△*ABC*中知道了两个角和一条边，就立刻可以推算出〔或者，如图9（乙），用按比例作图的办法得出〕*AC*的长度了。其实，这种方法在前面介绍实测子午线时已经谈过了。

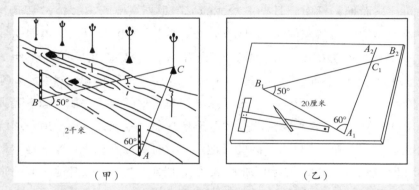

图9　测量大河对岸街灯的距离：（甲）大河对岸的街灯，（乙）按比例缩小后作图

运用这种方法原则上很简单，但要注意基线不能太短。如果图9中的*AC*很长而*AB*却很短，那么△*ABC*就变得非常瘦长。这样的图形按比例缩小后画到纸上就很难画准，因此测量的准确程度就会降低。同样，即使不用作图法，两个角度只要测得稍许有些偏差，计算结果就会有很大的误差。

测量"天灯"的方法，其实也一样。我们只要在地面上选定一条很长的基线，量出它的长度，并在它的两端插上标杆，然后用"天灯"作为目标代替上面的街灯，再按同样的办法测出两个角度，就可以得到这盏"天灯"的距离了。

历史上，人们正是这样做的。首先用三角法测定月球距离的，是法国天文学家拉卡伊（Nicolas Louis de Lacaille，1713—1762年）和他的学生拉朗德（Joseph-Jérôme Le Français de Lalande，1732—1807年）。拉卡伊年轻时曾打算做一名罗马天主教教士，因而钻研神学。不过，他对数学和天文学的兴趣又超过了神学，最后终于成为出色的天文学家。拉朗德比他的这位老师小19岁，青年时研究过法律，当时他恰好住在一座天文台附近，这唤起了他对天文学的强烈兴趣。因此，他学完了法律，却没有去当律师，而成了一名有作为的天文学家。

　　1752年，19岁的拉朗德来到柏林。当时，他的老师拉卡伊正在非洲南端的好望角。这两个地方差不多处在同一经度圈上，纬度则相差90°有余。他们同时在这两个地方进行观测，首次用三角法来测定月亮的距离，他们之间的基线比地球的半径还要长。在图10中，B代表柏林，C代表好望角。夜幕降临，月亮从地平线上越升越高。当它到达最高点时，在图10中的位置是M。这时，容易在B点（柏林）测量出月亮M的天顶距（即离开头顶方向的角度），它用Z_B表示；同样容易在C点（好望角）测出月亮M的天顶距Z_C。圆弧BC的度数是知道的，它正是柏林与好望角两地之间的纬度差，这个数值也正好是∠BOC的大小。

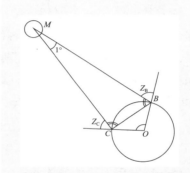

图10　在柏林（图中B点）和好望角（图中C点）同时观测月亮（M），O代表地球中心。Z_B和Z_C分别是月亮M在B点（柏林）和C点（好望角）的天顶距

　　OB、OC是地球半径，它的长度，我们已经知道。于是，在△BOC中已知两条边和它们的夹角∠BOC，就立即可以算出BC之长和另外两个角∠OBC和∠OCB的大小。根据这两个角和Z_B、Z_C，就可以知道△MBC中的两个角∠MBC和∠MCB之值。最后，既然在△MBC中知道了一条基线和两个角，月球的距离也就唾手可得了。

　　拉卡伊和拉朗德计算的结果是：月球与地球之间的平均距离大约为地球半径的60倍，这和现代测定的数值很相近。

　　这两位学者的其他事迹，也很有趣。拉卡伊在好望角期间编制了一份巨大的南天星表，命名了14个南天星座，填补了南天星座尚存的全部空缺。它们的名称一直沿用至今。这位拉卡伊虽然很穷，但还是有求必应地把星图的副本分送给每位索取者。他为了制作星图和星表而拼命工作，耗尽了他的精力，严重损害了健康，去世时还不到50岁。

他的学生拉朗德却比较长寿，活了75岁。拉朗德于1795年63岁时就任巴黎天文台台长。他编了一份包含47 000颗恒星的星表。其中有一颗编号为21185的，后来查明是少数几颗离太阳最近的恒星之一，它的名字现在就称为拉朗德21185。它也就是HD 95735，只有半人马座α、巴纳德星和沃尔夫359星才比它离我们更近些。

很值得一提的是，拉朗德还是一位了不起的天文知识普及家。他年轻力壮的时代，正值18世纪法国资产阶级大革命的前夜。当时的一部分启蒙运动思想家编撰了著称于世的《百科全书》（全称《百科全书，科学、艺术和工艺详解词典》），其核心人物是主编狄德罗（Denis Diderot，1713—1784年）。《百科全书》自1751年第一卷问世，到1772年完成28卷，历时20余年之久，达朗贝尔（Jean le Rond d'Alembert，1717—1783年）、伏尔泰（Voltaire，1694—1778年）、卢梭（Jean-Jacques Rousseau，1712—1778年）、爱尔维修（Claude Adrien Helvétius，1715—1771年）等著名学者先后参与写作，而其中的全部天文学条目均出自拉朗德之手。

雷达测月和激光测月

用三角法测量得到的地月平均距离为384 400千米，这已经很精确了。但是，天文学家们并不满足。雷达测月便是从20世纪50年代后期开始发展起来的新方法，当时雷达技术是人类探索太阳系天体的卓有成效的新手段。

雷达测月的方法直截了当。如图11所示，在地球上的某天文台A向月球发出一个无线电脉冲，并记下发出脉冲的时刻t_1；这个脉冲信号到达月球上的B点后，又反射回A点，记下接收到返回信号的时刻t_2。电波传播的速度就是光的传播速度c，它在（t_2-t_1）这段时间内走过的路程是$c(t_2-t_1)$，这正是在AB两点之间往返一次的长度，所以AB之间的距离便是$c(t_2-t_1)/2$。再经过一些推算，即可进而定出月球中心到地球中

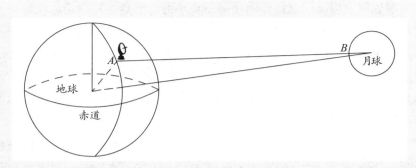

图11 雷达测月示意图。A是地球上的一座天文台，它的雷达发出的无线电脉冲从月球上的B点反射回来

心的距离。

　　早在1946年，就有人首次尝试用雷达测量地球到月球的距离。第一次成功的"雷达测月"是1957年的事，从那以后这种方法取得了很大的进展。通过系统的测量得知，地月平均距离为384 400千米，其误差不超过1千米。

　　激光的发明为整个科学技术领域提供了强大的新武器。1960年，第一台红宝石激光器问世，从此激光技术便飞速向前发展。这使天文学家获得了将雷达天文学扩展到光学波段的可能。在测量月地距离时，人们用"光雷达"取代无线电雷达，这便是现在很受推崇的"激光测月"工作。由于激光的方向性极好，光束非常集中，单色性极强，因此它的回波很容易与其他来源的光（例如背景太阳光）区分开来，所以激光测月的精度也远较雷达测月为高。

　　最初成功地接收到来自月面的激光脉冲回波是在1962年，它为激光测月拉开了序幕。7年之后，即1969年7月，美国的"阿波罗11号"宇宙飞船第一次将两位宇航员送上月球，他们在月面上安放了第一个供激光测距用的光学后向反射器组件。它的大小是46厘米见方，上面装着100个熔石英制成的后向反射器，每个直径为3.8厘米。这种反射器实际上是一个四面体棱镜。它有一种奇妙的特性：当一束光以任何角度投向第四个面时，它依次经过另外三个直角面反射，最后仍然从第四个面射出，而且出射方向严格地与入射方向平行，因此，反射光将严格地沿着原方向返回发射站。这样，利用面积很小的反射器组件就可以使地球上接收到从月球返回的激光回波，而且波束不会扩散得很宽，可以获得极高的测量精度。1969年8月1日，美国里克天文台首次接收到从月面上的后向反射器返回的强回波信号，由此测定的距离精度已高达7米。人们在月球上一共安放了5个后向反射器组件，到20世纪80年代，测月精度就已经达到8厘米左右。

应用精确的月球测距资料，使人们对月球环绕地球的轨道运动捉摸得更透彻了。这对于研究月球的内部结构、地月系统的质量、地球的自转、地极的移动以及检验引力理论等，都具有很重要的意义。

激光测月比过去采用三角法测定月球距离的精度提高了上千倍，20世纪末借助更优质的新颖激光器，更使测距精度达到了2～3厘米。这必将有助于更好地了解月球和地球的物理性质，更有力地促进天文学和其他相关科学技术的新发展。

太阳离我们多远

转向了太阳

前面谈到古希腊时代萨摩斯岛的阿里斯塔克巧妙地推算出太阳到地球的距离比月球到地球的距离远19倍，这个数字是实际情况的1/20左右。16世纪，哥白尼虽然提出科学的日心宇宙体系，但他也不知道太阳究竟离我们有多远。直到1650年，才有一位比利时教士兼天文学家温德林（Godefroy Wendelin，1580—1667年）利用改进的仪器重复阿里斯塔克在将近两千年前所做的观测，求得日地距离是阿里斯塔克所得数值的12倍——即约为月地距离的240倍，约9 600万千米。尽管这还是比太阳到地球的真实距离小了1/3，但总算可以让人类初步领略太阳系的实际大小了。

在近代天文学中，将太阳和地球之间的平均距离称为一个"天文单位"，它是天文学中的一把"尺子"。现在我们想要知道的，是这把尺子究竟有多长？我们需要的，不再是像阿里斯塔克那样的粗略估计，而是要得到一个尽可能精确的数字。

中国古代有个神话，叫作"羿射九日"。说的是尧统治天下的时候，天上忽然出现了十个太阳，把地上的草木都晒得枯焦了。有位名叫羿的英雄，奉尧之命，张弓搭箭射下九日。蓝天之上还闪耀着一个太阳，给人间送来光明和温暖，百姓们非常高兴。

虽然这个故事不是真实的，但它却反映了古人征服大自然的愿望。我们不妨计算一下，假如羿这位大力士射出的箭和最快的飞机一样快，它要飞多久才能到达太阳呢？

现代有些飞机每秒钟可以飞1千米左右，按照这样的速度，17分钟就可以从北京直达上海。以同样速度飞行的神箭，却要4年9个月才能飞

图12 连神通广大的孙悟空都在感叹，从地球到太阳真是太遥远啦

到太阳。

孙悟空一个跟头就是十万八千里。可是，就连老孙也得翻上2 700多个跟头才能到达太阳呢（图12）！

一个天文单位是很长的，光线通过这样一段距离要花499秒钟（也就是8分19秒）。相比之下，地球上发出的激光脉冲射到月球上只需要约1.3秒钟就够了。

但是，测量太阳有多远的方法与测月的办法是完全不同的。因为太阳不像月球，它的圆面上没有固定标记。所以，如果用三角法测量，那就没有可供瞄准的精细目标，而月球上的环形山是可以起到这种作用的。太阳黑子虽说也是日面上显著的特征，但是它活像水中的漩涡，时而产生时而消失，并且它在太阳圆面上的位置并不严格固定，而是有漂移的。因此，它也不能作为测量的瞄准目标。再则，太阳是一个极亮的光源，测量仪器直接以它为观测对象，显然很不方便。要像雷达测月和激光测月那样，向太阳这个灼热的火球发射雷达信号或者激光脉冲，并接收由太阳反射的回波信号以测定太阳的距离，那只是一首并不现实的畅想曲。

不过，人们完全可以不这样做。因为，早在约400年前已经问世的"开普勒行星运动三定律"恰恰在这里又发挥了绝妙的作用。这儿，正是它们的用武之地。

开普勒和他的三定律

在16世纪，丹麦有一位第谷·布拉赫（Tycho Brahe，1546—1601

年），是望远镜诞生以前最优秀的天文观测家。他出身贵族家庭，13岁就进入哥本哈根大学学习法律和哲学。16岁时观看了一次日食，从此开始转向研习天文学和数学。

第谷性情乖僻，使他招惹了许多麻烦。他19岁那年曾为争论某个数学问题而与人决斗，结果被削掉了鼻子，以至于终生都戴着一个金属假鼻。曾有人怀疑此事是否可信，但是20世纪发掘的第谷尸骨证实了此言果然不虚。他念念不忘自己是个贵族，甚至进行天文观测时也都要穿上朝服。

1576年，丹麦国王腓特烈二世将位于哥本哈根附近丹麦海峡中的汶岛赐予第谷，并拨款供他在岛上建造天文台。1580年，第谷的"天堡"在汶岛落成，那是欧洲第一座规模宏大的天文台。1584年，第谷又在"天堡"附近建成规模稍小的"星堡"。天堡和星堡配备的大量天文仪器，都由第谷亲自设计，并由专职工匠制成。

第谷的天文仪器，是当时世上最大、最精密的。他在汶岛进行天文观测长达20余年，积累了极其宝贵的观测资料，特别是关于行星运动的数据。在他的保护人丹麦国王腓特烈二世去世后，第谷与新国王闹翻了。他被迫于1597年举家离开汶岛，天堡和星堡从此废弃。1599年，第谷到达布拉格，充当神圣罗马帝国皇帝鲁道夫二世的御前天文学家。不久，他结识了一位很有才气的青年天文学家德国人约翰·开普勒（Johannes Kepler，1571—1630年，图13）。

贵族出身的第谷热衷于盛宴豪饮，严重地损害了健康。他在临终之前曾喃喃地呻吟："唉，别让我白活了一场，别让我白活了一场。"幸好，助手开普勒继承了他毕生积累的观测资料——尤其是有关火星的数据，继续深入研究，最终发现了著名的行星运动三定律。1601年10月第谷在布拉格病逝，国王为他举行了隆重的国葬。

图13　发现行星运动三大定律的德国天文学家开普勒

开普勒幼时体弱多病，一场天花几乎使他丧命。他视力不好，但很善于思索，少年时代最初的兴趣是神学。他17岁时进入蒂宾根大学基督教神学院攻读，1591年获得硕士学位。在数学和天文学教授米切尔·麦斯特林（Michael Mästlin，1550—1631年）秘密宣传哥白尼学说的影响下，开普勒成了哥白尼的忠实信徒。1594年，开普勒到奥地利格拉茨的一所学校教数学，并放弃了做牧师的想法。

1596年，开普勒写了一本书，名叫《宇宙的神秘》，承袭了毕达哥拉斯学派的"天球和谐"理论。书中虽然神秘色彩浓郁，但仍清楚地表明他赞同哥白尼的日心宇宙体系。后来，开普勒应"星学之王"第谷的邀请前往布拉格。第谷去世后，开普勒继任鲁道夫二世皇帝的御前天文学家。第谷那些价值连城的观测资料——包括对火星的几千次观测，到了开普勒手里才充分发挥了作用。开普勒利用这些资料，特别详细地研究了火星运动的轨道。经过无数次尝试和摸索，终于查明"火星沿椭圆轨道绕太阳运行，太阳处于椭圆焦点之一的位置上"。这便是开普勒行星运动第一定律的雏形。

开普勒发现，如果认为火星的轨道是圆形，则始终不能与第谷的观测数据相符，只有改用椭圆才能完全一致。这两者的差异，仅仅为8个角分。可是，正如开普勒本人所说："就凭这8个角分的差异，引起了天文学的全部革新！"

这里，我们顺便谈谈椭圆的一些奇妙特性。每个椭圆都有两个焦点，如图14中的F_1和F_2。椭圆上任何一点到两个焦点的距离之和总是相等的。所以，图14中的$F_1A_1+A_1F_2=F_1A_2+A_2F_2=F_1A_3+A_3F_2=F_1A_4+A_4F_2=\cdots\cdots$利用这一特点，就有了一种简易的画椭圆的办法：只要用一支铅笔，一根细线，两颗图钉，按图14那样，将图钉按住细线的两端，用铅笔套在细线里绷紧了画个圈儿就行了。容易明白，两个图钉就是它的焦点。

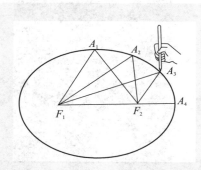

图14　从椭圆上的任何一点到两个焦点F_1和F_2的距离之和总是相等的

椭圆还有一种奇妙的特征：倘若正好沿着一个椭圆的周界，面向椭圆内部布满镜子，那么放在一个焦点上的蜡烛或者灯泡发出的光，照到椭圆边界镜子上的任何一点后，就一定都会被反射到另一个焦点上。图14中，从一个焦点F_1发出的光，射到A_1，A_2，A_3……后，分别沿着A_1F_2，A_2F_2，A_3F_2……全部反射到另外一个焦点F_2。

开普勒又发现，行星在近日点处运行得最快，在远日点处运行得最慢。但是行星与太阳的连线（这称为行星的向径）在同样时间里总是在椭圆内扫过相同的面积。

1609年，开普勒在他的《新天文学》一书内公布了他的头两条定律：

第一定律：行星绕太阳运行的轨道是椭圆，太阳在它的一个焦点上。

第二定律：行星向径在相等的时间内扫过相等的面积。这条定律又称为"面积定律"。

开普勒付出难以想象的艰巨劳动，在十几年内一直试图找出诸行星的公转周期与它们到太阳的距离之间的关系。他做了极为繁复的尝试和计算，遭到无数的失败之后，终于发现了行星运动的第三定律：

如果以年为单位计算行星的公转周期T，以天文单位来量度该行星与太阳的平均距离a（不难看出，它就是这颗行星轨道椭圆的半长径），那么周期T的平方就恰好等于平均距离a的立方。也就是说，对于每一颗行星都有：

$$a^3 = T^2$$

或者，对于轨道半长径分别为a_1和a_2，公转周期分别为T_1和T_2的任意两颗行星，必定有（见表1）：

$$\frac{a_1^3}{a_2^3} = \frac{T_1^2}{T_2^2}$$

表1　行星轨道半长径a，公转周期T，以及a^3和T^2的数值

行星	a（天文单位）	T（年）	a^3	T^2
水星	0.387	0.241	0.058	0.058
金星	0.723	0.615	0.378	0.378
地球	1.000	1.000	1.000	1.000
火星	1.524	1.881	3.537	3.537

续表

行星	a（天文单位）	T（年）	a^3	T^2
木星	5.203	11.862	140.8	140.8
土星	9.539	29.456	867.9	867.6
天王星	19.191	84.070	7 068	7 068
海王星	30.061	164.81	27 165	27 162

开普勒将这条定律发表在1619年出版的一本书中，他意味深长地将这本书取名为《宇宙谐和论》。就像第谷为开普勒发现这三条定律奠定了观测基础一样，开普勒的行星运动三定律也为英国大科学家艾萨克·牛顿（Isaac Newton，1642—1727年）后来发现"万有引力定律"筑起了攀登彼岸的金桥。

1630年，开普勒为贫困所迫，不得不长途跋涉去向日耳曼议会索讨拖欠他的薪俸，不幸途中突发高烧，在巴伐利亚的雷根斯堡市贫病交加而离世。

行星运动必定遵循开普勒阐明的三条定律，因此后人尊称他为"天空立法者"。不过，开普勒并不明白行星为什么会这样运动。半个多世纪后，英国大科学家牛顿在上述三条定律的基础上继续深入研究，最终发现了"万有引力定律"。人们这才明白，行星之所以像开普勒所描述的那样运动，乃是因为太阳和行星之间的万有引力在起作用。

卡西尼测定火星视差

开普勒第三定律实际上就是说：只要知道了行星绕太阳公转一圈需要几年，便可以算出它距离太阳有多少个天文单位。从此，才第一次有了按比例精确绘出太阳系中所有行星的轨道形状和它们的相对距离之可能。而且，倘若能测出太阳系中任何两个行星之间的距离，便立刻可以推算出太阳系其他成员彼此间的距离了。这样，就可以根据行星离地球的远近来推算太阳的距离，而不必再像阿里斯塔克或温德林那样直接观测太阳了。

现在，终于到了介绍测定天体距离时必不可少的一个重要概念——"视差"的关键时刻。事实上，我们这本小册子所说的，就是人们在探索各种天体的"视差"的过程中，怎样不断地从胜利走向新的胜利。

视差是什么意思呢？比如，你伸出一个手指放在眼睛前面30厘米远处。先闭上右眼，只用左眼看它，再闭上左眼，只用右眼看它，你就会发觉手指相对于远方景物的位置有了变化。这是因为左眼与右眼是分别从不同的角度去看这个手指的。从不同角度去看同一物体而产生的视线方向上的这种差异，就称为"视差"（图15）。显然，手指放得越近，分别用左、右眼观看时这种方向上的差异就越大；手指放得越远，分别用左、右眼观看时方向上的差异就越小。因此，一个物体的距离越近，视差就越大；距离越远，视差就越小。

图15 分别用左眼和右眼观看同一个手指时的视差

前面谈到的拉卡伊和拉朗德测定月球距离的方法，实际上便是测定月球的视差。倘若我们不是在柏林和好望角测量，而是恰好从地球两侧遥遥相背的两点进行观测，那么这时的基线长度便等于地球的直径，而这时得到的视差角度的一半，便称为"地心视差"（图16）。

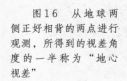

图16 从地球两侧正好相背的两点进行观测，所得到的视差角度的一半称为"地心视差"

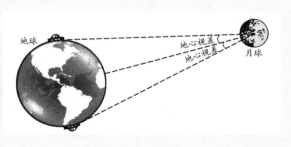

地球　地心视差　地心视差　月球

月球的地心视差是57′2.6″，即稍小于1°。这个角度与从1.5米远处看一枚1元硬币的张角近乎相等。但是太阳和其他行星的视差就小得多了。早在公元2世纪，托勒玫便用三角学方法，根据视差确定过月球和地球的距离，其结果与伊巴谷得出的数值大致相符。但是又过了1500年，才有人第一次用视差法测量比月球更远的天体的距离。

那是法国历史上的路易十四（Louis XIV，1638—1715年）时代，科学、文学、艺术都颇为繁荣，例如闻名于世的巴黎天文台就是1671年建成的。主持建造巴黎天文台、并领导这座天文台长达40年之久的让·多米尼克·卡西尼（意大利语名Giovanni Domenico Cassini，法语名Jean Dominique Cassini，1625—1712年），是路易十四从意大利引进的杰出人才，对天文学贡献良多。卡西尼一家四代对法国天文学影响深远，1712年上述第一代卡西尼与世长辞，他的第二个儿子雅克·卡西尼（Jacques Cassini，1677—1756年）继任巴黎天文台领导人；雅克·卡西尼去世后，巴黎天文台又由雅克的次子塞萨尔·弗朗索瓦·卡西尼（César François Cassini de Thury，1714—1784年）执掌。1771年，巴黎天文台正式设立台长一职，塞萨尔即为台长。1784年塞萨尔逝世，巴黎天文台台长一职又由他的独生子雅克-多米尼克·卡西尼（Jacques-Dominique Cassini，1748—1845年）继任。

1672年，让·多米尼克·卡西尼（即第一代卡西尼）测出了火星的视差。当时，他在巴黎观测这颗行星在群星之间的位置，而与此同时，他又安排另一位天文学家里奇（Jean Richer，1630—1696年）到位于南美洲的法属圭亚那的卡宴城去进行同样的观测。所有的恒星相对于火星而言，都遥远得仿佛是完全固定在天穹上，所以卡西尼将他自己的测量结果与里奇的那些测量综合起来，就得到火星的地心视差为25″，并由此推算出太阳的地心视差为9.5″。这是有史以来第一次比较接近实际情况的测量结果，与此相应的日地距离则为13 800万千米。这虽然比地球与太阳的真实距离还是小了7%，但是同阿里斯塔克、波西冬尼斯甚至温德林的推算相比，卡西尼的结果已经是巨大的飞跃了。

里奇于1666年入选法兰西科学院。他在卡宴城除了观测火星，还有一项功绩，即发现摆的节律在卡宴城要比在巴黎慢。一只在巴黎走得很准的摆钟，到了卡宴就会在一天之内慢上两分半钟。里奇认为这是由于卡宴城的重力比较弱，故可推测它离地心比较远。因为卡宴城位于赤道附近的海平面上，所以里奇实际上论证了地球的确是一个扁球体，赤道处的海平面要比两极处距离地心稍远。这项成就使他于1673年回到巴黎时赢得了热烈的欢呼和喝彩。据说，这种令人兴奋的场面引起他的上司卡西尼的妒忌。由于里奇还是一个军事工程师，卡西尼便将他支遣到地方上去修筑城防设施。里奇默默无闻地度过了自己的余生，1696年在巴黎去世。

卡西尼领导筹建的巴黎天文台拥有当时世上第一流的天文观测仪器，那时法国的著名剧作家莫里哀（Molière，1622—1673年）曾用"大得骇人"这一字眼来形容卡西尼的望远镜。卡西尼本人无疑是一位卓越的天文观测家，他发现了土星的4颗卫星，还发现了土星光环中的缝隙（后来称为"卡西尼环缝"）；他绘制了一幅巨大的月面图，其质量之高在一个多世纪内没有人能超过它。他还测定了火星的自转周期，研究了木卫的运行……可惜，他在理论上却保守得令人吃惊。他是最后一位不接受哥白尼理论的著名天文学家，他也反对开普勒的行星运动定律。卡西尼认为行星绕太阳公转的轨道不是椭圆，而是所谓的"卡西尼卵形线"（在数学上，这是一种"四次曲线"，是到两个定点的距离之积为常数的动点轨迹），他还拒不接受牛顿的万有引力理论。这种保守倾向对18世纪法国天文学的发展甚为不利，因此对卡西尼的评价历来分歧很大。比较公允的看法大致是：他是一位成绩卓著的杰出观测者，虽然他在理论上落后于时代，但并不妨碍他置身于17世纪最重要的天文学家之列。

在结束这一节之前，再用按比例图解的方式来概括一下，怎样由行星的视差来推算太阳的距离：

观测一颗行星在天空中的位置变化，便可以用天文方法确定它的椭圆轨道的形状和大小，以及它绕太阳公转一周所花费的时间。根据开普勒行星运动第三定律，便可以算出它与太阳的平均距离是多少天文单位。然后，我们画一张图（图17），其中S代

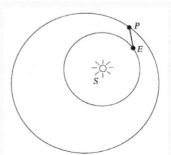

图17　从观测行星推算太阳的距离示意图。图中S代表太阳，E是地球，P是行星

表太阳，*E*代表地球，*P*代表行星。地球轨道虽说也是一个椭圆，但它与正圆非常接近，图上就将它画成半径1厘米的圆。请记住，*ES*的距离在图中只有1厘米，实际上却是1个天文单位！行星*P*离我们时近时远，当它特别靠近我们时，就可以像月球那样，用三角测量法直接测出它的视差了。于是，我们既知道了*PE*是多少千米，又可以从图上量出*PE*是多少厘米（实际上也就是多少天文单位），那么，每个天文单位等于多少千米也就一清二楚了。

继卡西尼之后，又有法国天文学家马拉尔迪（Giacomo Filippo Maraldi，1665—1729年）于1704年由观测火星求得太阳的视差为10″左右，英国天文学家布拉德雷（James Bradley，1693—1762年）于1719年求得的结果为10.5″，拉卡伊于1751年求得10.2″。不过，这些数值反倒不及卡西尼测得的9.5″精确。

金星凌日

英国天文学家哈雷（Edmund Halley，1656—1742年）早就提出，利用"金星凌日"的机会也可以测定太阳的视差。哈雷是天文学史上的一位重要人物，19岁时就发表了论述开普勒行星运动定律的著作。1705年，哈雷出版专著《彗星天文学论说》。他发现，1456年、1531年、1607年和1682年出现的几颗彗星轨道都很相似，相邻两次出现的时间间隔均为75～76年，其中1682年出现的那颗彗星他还曾亲自观测过。哈雷由此推断，它们实际上可能是在非常扁长的椭圆轨道上绕太阳运行的同一颗彗星，并因此大胆地预言"它将于1758年再度归来"。后来，这颗彗星果然如期而至，世人便将它称为"哈雷彗星"，1835年、1910年、1986年它又先后回归3次，2061年它还会再次归来。

哈雷的发现表明，原先貌似行踪不定的彗星，其实也同行星一样是太阳王国的臣民。更重要的是，彗星的周期性回归，为万有引力理论提供了令人信服的证据，有力地促使欧洲学术界普遍接受了这一理论。1720年，英国首任皇家天文学家弗拉姆斯提德（John Flamsteed，1646—1719年）去世后，哈雷受命继任，直至1742年与世长辞。

所谓"金星凌日"，就是从地球上看去，金星恰好投影在日面上，

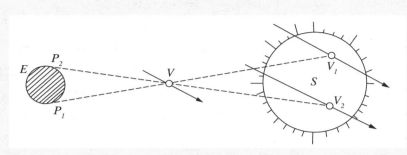

图18　利用金星凌日测定太阳视差。图中V代表金星，E代表地球，S代表太阳。金星凌日时，从地球上的P_1和P_2两处同时进行观测，可以看见金星投影在日轮上不同的两个位置V_1和V_2

或者说，正好从太阳前方经过。在图18中，V代表金星，E代表地球，P_1和P_2是地球上的两个地方，S代表太阳。金星凌日时，从地球上的P_1和P_2同时进行观测，可以看见金星投影在日轮上不同的两个位置V_1和V_2，在金星移动的过程中，这两个点沿着两条平行的弦经过日轮。根据观测可以求得∠P_1VP_2的大小，据此根据开普勒第三定律，再运用一些简单的三角学知识，又可以推算出∠P_1SP_2的数值，倘若P_1P_2的直线长度（不是弧长而是弦长）正好就等于地球的半径，那么，∠P_1SP_2就正好是太阳的地心视差。

　　哈雷提出观测金星凌日来推算太阳的视差，是在1716年。但是他本人却未能将这种方法付诸实践，因为金星凌日不是经常发生的。那时，最近的两次金星凌日也须等待到1761年和1769年才会来到。哈雷虽然是一位长寿的天文学家，活了86岁，但于1742年去世了。天文学家们为了观测1761年和1769年的金星凌日，事先做了充分准备，组织多个远征队到世界各地去，希望在最好的条件下进行观测。可惜，有许多复杂的因素损害了观测的精度。1761年金星凌日时，各观测队求得的太阳视差数值差异很大：有的小到7.5″，有的大到10.5″。但是，天文学家们不屈不挠，重新努力，使1769年的观测大有进步。这次观测之后一共发表了200多篇有关太阳视差的科学论文，其中大多数结果都在8.5″～8.8″之间。法国天文学家潘格雷（Alexandre-Gui Pingré，1711—1796年）综合分析全部资料后，于1775年公布了最后结果：太阳的视差为8.8″。这是一个非常准确的数字，可惜当时人们并不重视它。

再往后的两次金星凌日，发生在1874年与1882年。在等待它们到来之前，天文学家们有足够的时间重新研究过去的观测资料。德国天文学家恩克（Johann Franz Encke，1791—1865年）于1824年发表了完整的讨论结果：太阳的视差为8.57″，由此算出地球至太阳的距离是153 000 000千米。这比实际情况偏高约2%，即多了3 400 000千米，但它仍是当时获得的最精确的数值。直到19世纪中叶，恩克的结果一直为天文学界所公认。恩克于1825年成为柏林大学天文学教授，兼任柏林天文台台长，同年当选柏林科学院院士。

值得一提的是，恩克于1819年计算了一颗彗星的轨道，证明这颗彗星的回归周期只有3.3年，此后这颗彗星便被称为"恩克彗星"，它是继哈雷彗星之后，第二颗被预言回归的彗星，也是人们已发现的周期最短的彗星。1835年，恩克彗星从离水星极近的地方掠过，人们由此第一次获得了测定水星质量的机会——根据它的引力对彗星轨道的影响来推算。

最后，等待已久的1874年和1882年金星凌日终于来临。根据1874年金星凌日的观测，天文学家们求得太阳的视差在8.76″～8.91″之间。根据1882年的观测，又求得它在8.80″～8.85″之间。美国天文学家纽康（Simon Newcomb，1835—1909年）重新综合前两个世纪4次金星凌日所取得的观测资料，于1895年最终得出：太阳的视差是8.797″。从1896年起直至1967年，国际天文学界都采用太阳视差值为8.80″。这些数字与此后公认准确的8.794″很接近。

纽康取得的成就令世人瞩目，然而他少年时代却未能接受正规教育，而仅在一个庸医那里当过学徒。纽康是在加拿大出生的，1853年18岁那年到正在美国的父亲身边自学、教书。5年后的1858年他终于在哈佛大学毕业，1861年被任命为美国海军天文台的数学教授，最后升到海军少将军衔。1884年纽康成为约翰斯·霍普金斯大学的数学兼天文学教授，同时他还是一位著名的科普作家。

从纽康之后，人们放弃了用金星凌日来测定太阳视差的方法。因为一种更新颖的方法已经步入天文台的大门。

地球的小弟弟——小行星

正当天文学家们为金星凌日观测结果中存在的种种差异而伤脑筋的时候，他们又重新发现三角测量法大有希望。这就是说，可以从观测小行星冲日获得更准确的日地距离。

目前，太阳系中总共才发现8颗行星。可是，它们的小弟弟——"小行星"却多得数以十万计。人们之所以称它们为小行星，就是因为它们很小，比正宗的行星小得多。

最先发现的第一颗小行星名叫"谷神星"，它是19世纪向天文观测家们惠赠的第一件礼品。1801年1月1日晚上，意大利天文学家皮亚齐（Giuseppe Piazzi，1746—1826年）首先从望远镜里发现了它。"谷神星"是最大的一颗小行星，直径约1 000千米。我们的月球直径是3 476千米，比"谷神星"大得多。可是论"辈分"的话，月球还得管"谷神星"叫"叔叔"，因为"谷神星"是直接环绕太阳旋转的行星，而月球却只是一颗绕着行星（地球）旋转的卫星而已。

1802年3月28日，德国天文学家奥伯斯（Heinrich Wilhelm Matthäus Olbers，1758—1840年）十分惊奇地发现了一颗新的小行星，即第2号小行星"智神星"，其运行轨道与第1号小行星谷神星相近。第3号小行星"婚神星"是1804年发现的，第4号小行星"灶神星"则发现于1807年。它们的直径均达数百千米，在小行星世界中皆名列前茅。虽然第5颗小行星姗姗来迟，直到1845年才露面，但是以后的发展很迅速。又过了45年，到1890年，人们已经掌握287颗小行星的运行轨道。

绝大多数小行星都远比"谷神星"小，直径几十千米或几千米的小行星远比100千米以上的小行星多得多。1949年发现的1566号小行星"伊卡鲁斯"，直径仅1 500米左右，只不过相当于一座小山而已。伊卡鲁斯原是古希腊神话中的一个人物，当他还是一个孩子的时候，便与父亲代达勒斯一起被囚于克里特岛的迷宫中。代达勒斯是旷世鲜有的巧匠，他用鹰羽、蜜蜡和麻线制成两对强有力的翅膀，大的那对给自己用，小的那对装在伊卡鲁斯的肩上。他们就这样远走高飞，逃出迷宫。代达勒斯叮嘱他的孩子切不可飞得太高，以免过分靠近太阳。可是，小伊卡鲁斯获得自由后非常高兴，他忽而低掠海面，忽而高翔空中。最后，他飞得太高了，灼热的太阳光烤熔了他双翼上的蜜蜡。失去翅膀的小伊卡鲁斯坠入大海，后来人们就把这块水域称作伊卡鲁斯海。

把1566号小行星命名为"伊卡鲁斯"的原因，就是由于在当时所知的所有小行星中，它可以跑到离太阳最近的地方。绝大部分小行星的公转轨道都在火星与木星之间，"伊卡鲁斯"有时却一直跑到水星轨道以内。它的轨道拉得很长，是个特别扁长的椭圆，所以它远离太阳时还是跑到了火星轨道以外（图19）。这种轨道扁长的小行星，有时会非常接近地球。比如，1937年发现"赫尔米斯"小行星时，它离我们大概只有800 000千米，只比月亮远一倍左右。"赫尔米斯"的直径大概只有"伊卡鲁斯"的一半。1936年发现的"阿多尼斯"，可能只有300米长，与其说它是一颗小小的星星，还不如说它是一块巨大的石头。它似乎到过离我们不超过160万千米的地方。不过，阿多尼斯后来又失踪了，至今也没能为它正式编号。

在庞大的小行星家族中，有不少是由中国天文学家发现的，它们

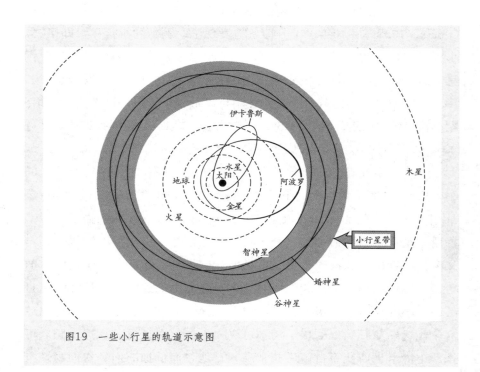

图19　一些小行星的轨道示意图

大多以中国的人名或地名命名。例如：1125号"中华"，1802号"张衡"，1972号"一行"，2012号"郭守敬"，2045号"北京"，2077号"江苏"，2078号"南京"，2169号"台湾"，2197号"上海"，2344号"西藏"等。美国天文学家发现的2051号小行星命名为"张"，则是为了表彰长期担任中国科学院紫金山天文台台长的张钰哲（1902—1986年）在研究小行星方面的突出贡献（图20）。

图20　我国1990年发行的一款纪念邮票，上面写着"天文科学家张钰哲，一九〇二——一九八六"，旁边还有这样一行小字——"张〔（2051）Chang〕"，以表彰张钰哲在研究小行星方面的突出贡献

小行星的功绩

即使在很大的天文望远镜里看，小行星也仿佛只是个光点而已。因此，它们的位置能够比具有视圆面的火星或金星测量得更精确。当一颗小行星跑到地球的近旁时，可以准确地测出其视差，并且可以如上所述，再通过开普勒第三定律推算出太阳的距离。

最初提出这种方法的，是德国天文学家加勒（Johann Gottfried Galle，1812—1910年）。他曾在1846年根据法国天文学家勒威耶（Urbain Jean Joseph Le Verrier，1811—1877年）从理论上做出的预告，通过望远镜率先在天空中发现了海王星[①]。1873年，加勒率先测定了第8号小行星"花神星"的视差。

英国天文学家吉尔（David Gill，1843—1914年）曾为测定天文单位，于1874年率队前往印度洋上的毛里求斯岛观测金星凌日。但因金

[①] 海王星：详见本书下篇《难忘的天文故事·"从小行星到矮行星"》中"那颗行星确实存在"一节。

星具有可见的视圆面，它的边界因大气的影响而变得模糊，人们就难于定准它同日面接触的确切时刻。吉尔也如加勒已想到的那样，认为观测呈恒星状光点的小行星应该更为有利。1877年，吉尔观测"婚神星"求得太阳的视差为8.77″。吉尔从1879至1907年是好望角天文台的皇家天文学家，在此期间的1888—1889年，南北两半球的6个天文台通力协作，观测3颗小行星——即第7号小行星"虹神星"（Iris）、第12号小行星"凯神星"（Victoria）和第80号小行星"赋神星"（Sappho），至1895年由吉尔整理出最终结果：太阳的视差为8.802″。它第一次将太阳视差的测量推进到小数点之后的第三位数字，这可以算是一项很突出的成就。1895年，在巴黎举行的一次国际会议上决定采取太阳视差值为8.80″，便是综合吉尔和纽康的结果得出的。

1898年，发现了第433号小行星"爱神星"。在古希腊神话中，这位手持金箭的小爱神名字叫"厄洛斯"（Eros），在古罗马神话中又称为丘比特。他的父亲是战神阿瑞斯，母亲是鼎鼎有名的爱与美之女神阿佛洛狄忒。丘比特的艺术形象是一个长着双翅的可爱的裸体小男孩，常手执弓箭在空中飞翔，谁中了他的金箭谁就立刻会产生爱情。"爱神星"的亮度时刻在变化，这表示它在不停地自转，常常以不同侧面对着我们，自转一圈是5小时16分钟。"爱神星"发现后不久，便成了当时所知离我们最近的一颗小行星。因此天文学家们决定组织一次国际性大协作的观测。

1900—1901年间，适逢"爱神星"冲日。在地球轨道以外的行星，如果从地球上看去正好处于同太阳相背的方向上，即它在天穹上的位置正好与太阳相距180°，那么这时就称为该行星冲日。这次各国天文台的观测结果由英国天文学家欣克斯（Arthur Robert Hinks，1873—1945年）统一进行综合，最后得出太阳视差为8.806″。后来，1930—1931年间"爱神星"再次冲日，当时它距离我们不足2 500万千米，比金星或火星离我们最近时还要近得多。14个国家的24个天文台一起测量它的距离，英国皇家天文学家琼斯（Harold Spencer Jones，1890—1960年）花了10年时间进行计算，于1942年据此求得太阳视差为8.790″，即一个天文单位的长度是149 735 000千米，这与目前确定的日地距离仅在第四位数字上有差异。

琼斯是1933年被任命为皇家天文学家的，在他的任期内，伦敦城市的发展造成了严重的光污染，致使格林尼治完全不再适合做天文工作。于是，在第二次世界大战后，格林尼治皇家天文台搬到了苏塞克斯，琼斯随之乔迁，直到1955年退休。

第二次世界大战以后，测定天文单位长度的工作再度取得进展。这时，旅美德国天文学家拉贝（Eugene Rabe，1911—1974年）根据1926～1945年间"爱神星"受地球摄动的情况，推算出太阳质量与地球质量之比，并进而推

图21　433号小行星"爱神星"的功绩寓意图

算出太阳视差值为8.798 4″，它与以前相比，又将小数点之后的数字再推进一位。在人们测定太阳距离的漫长征途中，这是一个不小的进步。与此相应的太阳距离是149 526 000千米，它和今天采用的数值仅相差72 000千米，这只相当于地球直径的5.6倍（图21）。

上面说到"爱神星"受到地球的"摄动"，意思是说，当爱神星在环绕太阳运行的过程中，跑到比较靠近地球的地方时，地球对它的万有引力就变得相当可观；这时，"爱神星"的运动轨道与仅仅在太阳引力作用下所固有的运动轨道相比，便发生一定的偏移，偏移的程度反映出地球引力对它所起的作用大小。这种由于第三个较次要的天体（在这里便是地球）施予附加影响而造成的运动轨道微小变化，就叫作"摄动"。根据实际的天文观测，可以知道地球对"爱神星"的摄动情况，而这种摄动的大小又直接由主导天体太阳同摄动天体地球这两者的质量之比所决定，因此，反过来就可以由观测结果推算出这一质量比的数值。

太阳究竟有多远

日地之间平均距离的最精确的数据，是由金星的雷达测距求得的。人们向金星发射无线电脉冲，并接收从金星表面反射的回波，记录下电波往返所需的时间，从而可算出在测量时刻金星到地球的距离是多少千米。如前所述，再根据开普勒的行星运动第三定律，又可以推算出一个天文单位的长度。由于电波往返的时间间隔可以极其精确地记录下来，因此这种方法比用三角法测量小行星更加准确。雷达测行星与雷达测月的原理及方法完全相同，目前它已成为测量太阳系内某些天体距离的最基本的方法之一。自从1961年以来，已经对金星、火星、水星等天体进行过许多次的雷达测距。

1964年，国际天文学联合会通过了"1964年国际天文学联合会天文常数系统"，规定从1968年开始，国际天文界应该统一正式采用该系统中给出的数据。这个系统中确定，由雷达测金星而获得的天文单位的长度为$149\,600 \times 10^6$米，也就是149 600 000千米，相应的太阳视差为8.794 05″。

在天文学中，经常以光线通过一个天文单位所需的时间来反映它的长度，这叫作"天文单位的光行时"。1964年采用的光速数值是299 792.5千米/秒，于是一个天文单位的光行时便是

$$149\,600\,000 \div 299\,792.5 \approx 499.012 \text{（秒）。}$$

人类总是在不断地前进，科学技术永远在不断进步。1976年，国际天文学联合会又通过一个有关天文学基本数据的新方案，即"1976年国际天文学联合会天文常数系统"，规定从1984年起在国际上统一正式启用。这次，根据1975年第15届国际计量大会采用的数据，光速取为299 792 458米/秒，即299 792.458千米/秒。这与1964年的光速数据相比，每秒钟只差了42米。在1976年的系统中，由雷达测金星确定的天文单位的光行时为499.004 782秒，即8分19.004 782秒。由此而定出1个天文单位的距离为

$$499.004\,782 \times 299\,792.458 \approx 149\,597\,870 \text{（千米），}$$

与此对应的太阳视差则为8.794 148″。

2012年，第28届国际天文学联合会又通过决议，启用更新的天文

常数系统。其中光速依然采用299 792.458千米/秒，天文单位的光行时取499.004 783 84秒，由此确定1个天文单位的距离为

$$499.004\ 783\ 84 \times 299\ 792.458 \approx 149\ 597\ 870.700（千米），$$

相应的太阳视差则为8.794 143″。

　　这些，便是今天对"太阳究竟有多远"这个问题所能做出的回答。我们可以看出，为了找到这个答案，人们曾经付出了何等艰辛的劳动，做出了多么巨大的努力啊！

　　现在，我们又要把目光移向太阳系以外的茫茫太空，注视比太阳系中最遥远的天体还要遥远得多的众星世界。

间奏：关于两大宇宙体系

托勒玫和哥白尼这两个名字在前面出现过好几次。现在，我们还要再加上一段由他们主演的雄伟插曲，那就是两大宇宙体系："地球中心说"和"日心地动说"。听了这段插曲，我们再往下读便会明白，测定恒星的距离在历史上起过多么巨大的作用。

很久很久以前，人们看见日月星辰每天东升西落，很自然地便认为它们都在绕大地旋转，地球则是宇宙的中心。这种看法是很朴素的，丝毫也没有什么邪恶成分。古希腊的大学者亚里士多德（Aristotle，公元前384—前322年）使这种观念变成一种哲学学说，由于他的权威地位，在相当长的时期内，任何人对此提出异议都会被认为要么是疯人呓语，要么是推理中发生了谬误。

其实，亚里士多德本人并不盲从权威。他有一句名言："吾爱吾师，吾尤爱真理"，至今仍为人们乐道 。他有许多独创的思想和见解，一生的演讲收集起来约有150卷，堪称当时的百科全书。他不仅谈论科学，还研究政治、文艺批评和伦理学。他传世的著作约有50种，《形而上学》《物理学》《工具论》《政治学》《诗学》等都是其中的名篇。亚里士多德提出了论证大地呈球形的多种方法，最有力的论据是如果你到北方去，那么就会看见新的星星出现在北方的地平线上，而原先可以看见的一些星星则隐没到南方的地平线下。倘若设想大地是平的，那就应该在任何地方都看到同样的那些星星。

亚里士多德赞同毕达哥拉斯的观点，认为天地各受不同的自然规律支配。天上的一切是永恒不变的，而地上的一切都是可变可朽的。他又接受古希腊哲学家恩培多克勒（Empedocles，公元前493—前433年）的四元素说，主张万物皆由水、土、火、气四种元素构成。这四种元素又由物质的四种基本属性——冷、热、干、湿组合而成。例如冷与湿结合成水，热与干结合成火。四种元素各有归宿，运动就是为了达到归宿。土居于中央，水在其上，空气又在水之上，火则在地上一切物质的最高处。因此，一个主要由土构成的物体如果悬浮在空中就会下落，而水下的气泡则向上升；再如雨要下落，火则上升。另一方面，天体却并不寻求任何归宿，只是做永恒、稳定、均匀的圆周运动，例如日月星辰的东升西落。因此，亚里士多德认为必有一种特殊的"第五元素"——他称之为"以太"，是一切天体的组成部分。然而近代科学证明，这种观念终究还是错了。

中世纪的基督教会利用亚里士多德学说附会自己的教义，使之近乎神圣。后人对亚里士多德的过分奉承，久而久之倒使他成了谬误的象征，甚至被视为科学的敌人。事实上，亚里士多德是一位伟大的学者，后人将他神化而造成的恶果，不应归罪于他本人。

从天文学的角度建立完整的地心宇宙体系的，是古希腊的最后一位伟大天文学家托勒玫（图22），他在自己的主要著作《天文学大成》（公元130年前后成书，又译《至大论》）中详尽地阐述了这种理论。此书的希腊文原本早已失传，全靠它的阿拉伯文译本流传下来，并于1175年从阿拉伯文转译为拉丁文。在整个中世纪里，欧洲人都将这部书奉为天文学中至高无上的经典。人们正是从托勒玫的著作中，才知道伊巴谷和希腊早期其他天文学家的许多工作。然而，在很长时间内，人们都误以为书中的各种发现都应归功于托勒玫本人，其实他主要还是总结和发展了前人的成果。

人们对于托勒玫的个人生活其实一无所知，甚至国籍都很难确定：他有可能是埃及人而不是希腊人。除了《天文学大成》，托勒玫还有一部重要的地理学著作，此书以古罗马军团进军欧亚非三洲的情况为基础而写成，并附有精心标记经纬度的地图。但是，在估计地球大小的问题上，托勒玫犯了严重错误：采纳了波西冬尼

图22　托勒玫是古代希腊天文学的伟大综合者

斯的数据，而没有接受埃拉托色尼的观点。

《天文学大成》中确立的地心宇宙体系，最主要的内容是：地球静止于宇宙中心，日月星辰均绕地球转动；每个行星以及月亮各在自己圆圆的"本轮"上匀速转动，本轮就是这种运动的轨道；同时，本轮的圆心又在更大的圆周——所谓的"均轮"——上绕地球匀速转动。不过，地球倒并不恰好在均轮的圆心，而是偏开一定的距离，换句话说，这些均轮其实都是一些偏心轮。日、月、行星除了沿着如上所述的轨道运动外，还与满天的恒星一起，每天绕地球转一周，造成了它们东升西落的周日视运动。托勒玫巧妙地选择了诸行星均轮与本轮的半径比率、行星在本轮与均轮上的运动速度，以及本轮平面与均轮平面相交的角度，终于使推算出来的行星动态与观测到的实际情况大体相符。当时的仪器不可能获得更高的观测精度，这使托勒玫的理论显得相当成功（图23）。

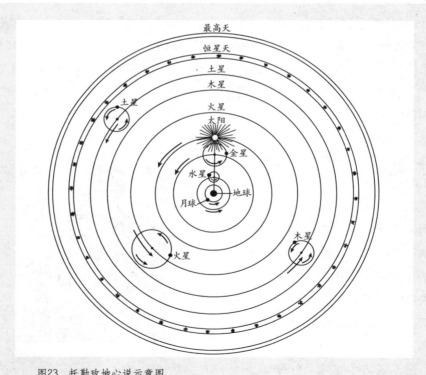

图23　托勒玫地心说示意图

尽管托勒玫本人是无辜的，然而后来的宗教势力却发现地心体系对它们的教义颇为有用。于是，教廷便利用"地心说"来维护它的说教：上帝创造了人类、日月星辰乃至天地万物，而创造出天地万物的目的又是为了供人役使，所以人类应该居于宇宙中心。罗马天主教廷长期全力庇护"地心说"，对它的任何怀疑均被视为异端邪说。"地心说"一直统治了1 000多年，要冲破这重桎梏不仅需要强有力的科学证据，而且还需要极大的勇气。

　　随着天文观测仪器的改进和观测水平的提高，在托勒玫之后的漫长岁月中，人们渐渐发现，按托勒玫理论推算出来的行星位置与天文观测得到的实际情况差得越来越远了。于是，托勒玫的追随者们不得不在本轮之上再添上更小的小本轮，以凑合观测的结果。这样圆上加圆、圈上添圈，结果把整个行星运动的图景搞得复杂不堪，却还是不能解决根本问题。因为无论它如何独具匠心，终究只不过是一件禁不起实践检验的精雕细琢的工艺品罢了。

　　直到16世纪，近代天文学的奠基人、波兰天文学家尼古拉·哥白尼，在前人和自己的大量天文观测的基础上，系统地提出了宇宙体系的"日心地动说"。这就是说，地球并不是宇宙的中心，它仅仅是一颗普通的行星，在自己的轨道上不停地环绕太阳旋转，每转一圈就是一年。月球是地球的卫星，它在以地球为中心的圆形轨道上每个月绕地球转一圈，同时又随着地球一起绕太阳公转。所有的恒星都比月亮、行星和太阳远得多（图24）。

　　哥白尼是1473年2月19日诞生的，出生地是波兰维斯拉河畔的托伦城。他10岁时丧父，由舅父瓦琴罗德（从1489年起瓦琴罗德出任瓦尔米亚主教）抚养，享有良好的教育。他在克拉科夫大学就读到约1495年，学过天文学、数学和地理学。1496年秋，哥白尼进入意大利的博洛尼亚大学，攻读教会法规；后来在帕多瓦大学攻读医学；1503年5月，他取得了费拉拉大学的教会法规博士学位。不久哥白尼从意大利回到波兰，在瓦尔米亚定居。此后除了一些短期旅行外，再未离开过那里。

　　哥白尼花费30多年的心血，完成了阐述日心学说的不朽巨著《天体运行论》。正如恩格斯指出的那样：哥白尼用它"来向自然事物方面的教会权威挑战。从此自然科学便开始从神学中解放出来……科学的发

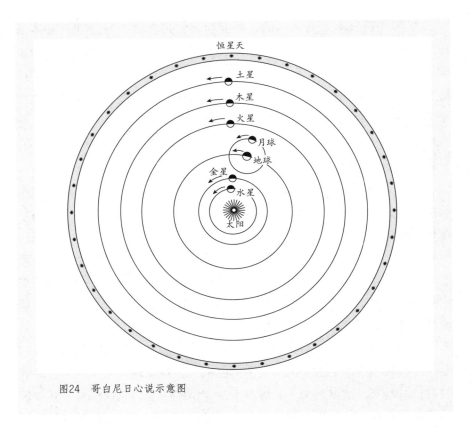

图24　哥白尼日心说示意图

展从此便大踏步地前进"（《自然辩证法》，第8页，人民出版社，1979年版）。因此，我们可以说《天体运行论》是"自然科学的独立宣言"。

哥白尼明白，他的书一旦发表，必定会招致多方面的麻烦。主要攻击可能由两类人发起：顽固的哲学家们必定坚持亚里士多德的主张，他们决不会从"地球是宇宙的固定中心"这块阵地上后退一步。另一类人是宗教的卫道士，他们一定会搬出《圣经》，它明白地指出大地是静止不动的，据此便可以给哥白尼定下离经叛道的大罪。

哥白尼对于是否公开发表《天体运行论》一书十分犹豫，最后在朋友们的苦心劝说下，才下决心将手稿送出去付印。为了躲避教会的迫害，他干脆在序言中单刀直入地说这本书是献给当代教皇保罗三世的。这真不失为是一个先发制人的好办法。

1542年秋，哥白尼因中风而半身不遂。1543年，《天体运行论》在德国纽伦堡出版。据传，同年5月24日，当一本刚印好的《天体运行论》送到哥白尼的病榻前时，他已经到了向人世告别的最后一刻了（图25）。

图25 哥白尼在人生的弥留之际，终于看到了刚刚印好的《天体运行论》，他为这部巨著付出了毕生的心血

《天体运行论》共分6卷，已被译成世界各国多种文字。1992年，中国首次出版《天体运行论》的中文全译本。《天体运行论》的第一卷"宇宙概观"是全书的精华，从多方面论证了太阳是宇宙的中心，地球是环绕太阳运行的行星，并解释了四季循环的原因。后面几卷分别详细讨论各种天体运动的情况，并提出预报天体未来位置和运动的方法。起初这部书没有受到罗马教廷的注意，因而流行了70年左右。它猛烈冲击了反动腐朽的宗教统治，在思想界引起的影响甚至超出哥白尼本人的预料，这自然会招致教会的仇视和恐惧。

意大利杰出的哲学家和思想家乔达诺·布鲁诺（Giordano Bruno，1548—1600年）坚定地捍卫并发展了哥白尼的思想。他还写了许多抨击基督教和《圣经》的作品，因而被押送到罗马的宗教裁判所。他被幽禁8年，接连不断的审问和拷打也持续了8年。但是布鲁诺绝不退让一步，最后终于被宗教裁判所判决为异端，被烧死在罗马的鲜花广场上。

这时"日心说"和"地心说"的斗争已经充满刀光血影。起初，有些天文学家和数学家认为哥白尼的理论只是一种巧妙的，甚至偷懒的计算方法，它推算和预告天体的运动状况要比托勒玫体系简捷方便。托勒玫派不时出击，要摧垮"日心地动"这种"危险的"新理论。然而，布鲁诺死后不过八九年，情况竟然开始大变了。一种新的仪器武装了天文学家的眼睛，用它看到的一切也武装了科学家与唯物主义哲学家的头脑。这种"洞察宇宙的眼睛"，便是天文望远镜。

最早的天文望远镜是意大利科学家伽利略（Galileo Galilei，1564—1642年）于1609年发明的。他把一块凸透镜和一块凹透镜装进一根直径4.2厘米的铅管两端，让凹透镜在靠近眼睛的一端，用作"目镜"；凸透镜则靠近被观测对象的那一端，用作"物镜"。伽利略的望远镜利用透镜对光线的折射来成像，因此称为折射望远镜。半个多世纪以后，英国科学家牛顿又发明了利用反射镜面成像的反射望远镜。

1609年，伽利略将自制的人类历史上第一批天文望远镜指向天空，人们的眼界顿时变得大为开阔了（图26）。伽利略看见月亮像地球一样，坑坑洼洼坎坷不平，它的表面布满了环形山。就在地球近旁，便有这么一个与其相仿的世界，这无疑降低了地球在宇宙中的特殊地位。伽利略又看到太阳上不时出现大小不等的黑斑——太阳黑子，它们日复一日地从太阳东边缘移向西边缘，这明白地告诉人们，巨大的太阳竟然在不停地自转着，那么，远比太阳小得多的地球也在自转还有什么可以大惊小怪的呢？但是，托勒玫派的理论基石却正好与此相反，他们主张地静天旋。

1610年1月，伽利略从他的望远镜中看到，有4颗卫星正环绕着木星转动，这简直就是太阳系的缩影；它也明白无误地告诉人们：天体确实可以并不绕着地球转动。伽利略又看到，金星原来也像月亮一样有圆缺变化，而且蛾眉状的金星比接近"满月"状的金星要大得多，这正好

图26　伽利略正在用自制的望远镜进行天文观测

说明金星是环绕太阳，而不是环绕地球旋转的。

伽利略将他的望远镜指向银河，看到银河原来是由密密麻麻一大片恒星聚集在一起形成的，他还看到了更多更暗的星星。由此可见，宇宙决不像托勒玫时代的人想象得那么简单。

上述所有这一切，都异常有力地支持了哥白尼的新学说。伽利略本人宣传哥白尼学说的活动使教会深感惶恐，因此罗马教廷审讯了伽利略。1616年3月5日罗马教廷将《天体运行论》列入禁书目录。1633年，宗教法庭宣布伽利略为罪人，指定他居住在佛罗伦萨郊区，不得离开。他在那儿一直受到监视，直到1642年去世。

然而，革命的新生事物是禁止不了的，日心学说依然在斗争中成长前进。1618年，开普勒以日心学说为基础，总结出行星运动的三大定律；再过半个多世纪，牛顿又在开普勒行星运动定律的基础上发现了"万有引力定律"。正是万有引力，使熟了的苹果从树端落到地面，使向上抛的石头又回到手中；也正是万有引力，使月球绕着地球打转，又使地球和其他行星环绕着太阳运行不已。

每一个新发现都成了"日心说"的一次新胜利。哥白尼的反对者们且战且退，然而，他们还据守着最后一个"牢不可破"的顽固堡垒，这便是"恒星为什么没有'视差位移'"。它正是我们接下去要谈论的主题。

阅读规划进度及自我测评

01 计划阅读时间

02 实际阅读时间

03 完成度（%）

04 阅读兴趣

感兴趣□　　一般□　　没兴趣□

原因：

问题：

05 回忆一下阅读的章节，看看是否能回答出这些问题

① 你知道什么是星座吗？你知道哪些关于星座的神话与传说？

② 地球与月亮之间的平均距离是多少千米？你知道用什么方法测量地月距离吗？

③ 测量太阳与地球之间的平均距离，为什么不能使用与测量地月距离同样的方法呢？

④ 谈一谈你对"视差"的理解。

⑤ 你知道有哪些小行星是以中国人的名字命名的吗？

⑥ 亚里士多德说："吾爱吾师，吾尤爱真理。"你认同他的观点吗？为什么？

⑦ 回顾天文学家哥白尼一生的经历，你有何感悟？

⑧ 最早的天文望远镜是谁发明的？你知道人类历史上有哪些著名的望远镜吗？

06 用心阅读，分享成果

在这一部分，你一定读到了一些有趣的、新颖的科学知识，摘录几处细节描写，并做简要分析，分享自己的阅读成果。

07 摘抄，积累

把你认为好的语句或段落摘抄下来，积累更多的语言素材吧！

第二周的阅读规划开始啦！这一周，请试着读完上篇的全部内容。你知道恒星为什么没有"视差位移"吗？"视星等"又是什么？一周过后谜底就会全然揭晓！

测定近星距离的艰难历程

恒星不再是"固定的"

按照古希腊人的观念，恒星固定于最外一层天球上。"恒星"这个词本身的意思就是"固定的星星"。连哥白尼也把繁星密布的天空视为笼罩着太阳和诸行星的穹庐，伽利略和开普勒也这样想。

于是，当哥白尼提出地球在一个很大的轨道上环绕太阳运行时，他的反对者就提出这样运行的结果必然会产生恒星的"视差位移"，并以此作为反驳哥白尼的论据。确实，当地球从太阳的一侧跑到另一侧时，恒星天球看起来就应该有偏移，这和从不同角度观看大河对岸的街灯，或者分别用左眼和右眼观看放在眼前的手指，道理是一样的。这种偏移应该可以由恒星位置的明显偏移来直接证明，换句话说，地球本身的轨道运动将会造成恒星的"视差位移"。可是，事实却对哥白尼派大为不利：谁也没能发现恒星的位置真有这样的偏移。

哥白尼派为自己辩护，说恒星天球极其遥远，因此视差位移小得根本无法测量；与恒星天球的大小相比，整个地球的轨道只不过是一个小点而已。也就是说，恒星的距离远得无法测量。

起初，这似乎只是哥白尼派为了使自己免遭失败而寻找的软弱遁词。但是，1718年发生了一件令人惊异的事件，它终于改变了天文学家们对恒星和"恒星天球"的看法。

那一年，哈雷发现至少有三颗很亮的恒星，即天狼星（大犬α）、大角星（牧夫α）和毕宿五（金牛α）的位置与古希腊天文学家测量的结果明显不同。好几位杰出的古希腊天文学家各自独立地工作，他们测出的这几颗星的位置是互相吻合的。但是，哈雷的观测结果与他们不一致。

第谷的星图比古希腊人的星图更精确，然而，从一个半世纪之前的第谷时代到哈雷的时候，天狼星的位置也已经稍有偏移了。

唯一合乎逻辑的结论是恒星并不是固定的，它们各有自己的运动，这叫作恒星的"自行"。倘若全部恒星的自行速度都大致相近的话，那么离我们近的恒星在天穹上的位置变化看起来就会比遥远恒星的位置变动得更快，这就像近处的汽车仿佛比远处的汽车跑得更快一样。因此，天狼星、大角星和毕宿五也许比别的恒星离我们更近些吧？况且，这三颗星在全天众星中又均属最亮之列，因此它们离我们特别近就越发可信了。

从此人们才明白：恒星原来并不是"固定的星星"，恒星天球其实并不存在，满天的星星原来离我们是有近有远的。

恒星离我们究竟有多远呢？哈雷以及在他之后的许多优秀天文学家，在寻找这个问题的答案时，统统都失败了。

恒星实在离我们太远了。如果用三角法来测量它们的距离，那么即使将整个地球的直径——约12 800千米作为基线，还是嫌太短。再进一步，就是干脆拿地球公转轨道的直径作基线，它几乎有3亿千米那么长！这样做的结果又如何呢？

倘若恒星离我们有远有近，倘若哥白尼的日心说又是正确的，那么如图27（甲），某一天地球在E_1这个位置，这时地球上的人看S_1和S_2两颗星，它们几乎就在同一个方向上；但由于S_1比较近，S_2比较远，所以当6个月后地球绕太阳转了半圈，跑到E_2处再看它们时，S_1和S_2的方向就

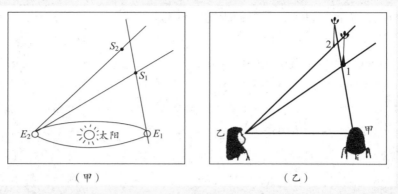

（甲） （乙）

图27 从不同的方向进行观察：（甲）两颗星的相对位置，（乙）两盏灯的相对
位置

相差较多了。我们可以打一个比方，如图27（乙），人站在位置甲看街灯1和街灯2，它们差不多在同一个方向上，好像紧靠在一起，但跑到位置乙去看，两盏灯就分开了。

多少年过去了，谁也没有见过星座的形状竟会随着季节而变化。这实在是对哥白尼学说的严重挑战，它正是维护地心学说的人据守的最后一个堡垒。

可是，哥白尼并没有错：地球确实在绕着太阳转动。

在图27（乙）中，如果街灯1离开位置甲是140米，而位置乙却仅仅从甲偏开1毫米，那么您还能察觉两盏街灯方向之间的变化吗？显然不能了。

今天我们已经知道半人马α星是离太阳最近的一颗恒星，离我们达41万亿千米。这个数字与地球轨道直径3亿千米相比，正好与上面所说的140米与1毫米的比例相近。因此，单凭肉眼或者普通的仪器，根本无法察觉这颗星的方向发生变化。其他恒星比半人马α星更加遥远得多，自然也就更难发现它们的方向因地球公转而造成的偏移了。

然而，大望远镜的问世，精密测量仪器的诞生，在长期的实践中积累起来的丰富经验，终于使人们战胜了这种几乎无法测量出来的微小变化。

这又是一段动人心弦的精彩故事。

泛舟泰晤士河的收获

人们是这样测量恒星视差或距离的：

在图28中，S代表太阳，某一时候的地球位于E_1，6个月后它运动到了E_2。绝大多数恒星极其遥远，所以无论什么时候，它们的相对位置仿佛总是不变的，就像在一块无穷远的"天幕"上镶嵌着无数闪闪发光的宝石一般。这块"天幕"又叫"遥远星空背景"，在图28中用字母M表示。"天幕"上每颗星的方向仿佛都是不变的，它们可以很准确地予以测定；因此，任何两颗星之间相距多大的角度也可以量得十分准确。

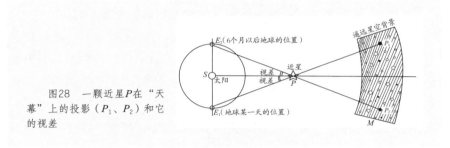

图28 一颗近星P在"天幕"上的投影（P_1、P_2）和它的视差

图28中的P代表一颗比较近的星。从E_1处看，它仿佛在遥远星空背景上的P_1处；从E_2处看，它又好像在那块"天幕"上的P_2处。这两个方向之差异是$\angle E_1PE_2$或$\angle P_1PP_2$；就好像P_1处有一颗星，P_2处又有一颗星一般。因为测量两颗星之间的角度是不难办到的，所以我们能够得知$\angle E_1PE_2$的大小。它的一半，即$\angle E_1PS$或$\angle E_2PS$，叫作恒星P的"周年视差"，通常也将它更简单地直接称为恒星的"视差"。容易看出，视差也就是站在恒星处观看到的地球轨道半径所张开的角度。显然，越近的恒星视差就越大；恒星越远，视差就越小。已经讲过，最近的恒星是半人马α，它的视差是0.76″，比任何其他恒星的视差都大。

一枚1元硬币的直径是2.5厘米。将它放到100米以外，我们看到它张开的角度是51.6″。这个角，比0.76″要大约67.9倍；将1元硬币放在5千米以外，它对我们的张角减小到1.03″，这还比0.76″大了35.5%。

对于近星，可以测出$\angle E_1PE_2$的大小，也就是可以测出该星的视差。在$\triangle SPE_1$（或$\triangle SPE_2$）这个直角三角形中，既然已经知道视差角的大小以及一条直角边SE_1（或SE_2）的长度——它正是前面已经求出的一个天文单位之长，我们就可以立刻算出P这颗近星的距离了。

然而，要实际测量这么小的角度，技术上的困难是极大的，即使对于最近的恒星，也好像测量几千米外的一枚硬币的直径那么难。对于哈雷那个时代的仪器而言，这是完全不能胜任的。

哈雷的同时代人、爱尔兰天文学家莫利纽克斯（Samuel Molyneux，1689—1728年）做了这样的尝试：1725年，他在伦敦郊外自家的地产上安装了一架透镜直径9.4厘米、长7.3米的折射望远镜。它笔直地竖起来，活像个大烟筒。当天龙γ星从天顶附近经过时，它就会进入望远镜的视场中。望远镜固定得非常好，在镜筒中成像的焦平面上安装着一组极细的"叉丝"，可以用来很精密地确定星像越过它们的位置和时刻。

莫利纽克斯由于过多的政治活动不得不经常放弃观测，他那位年轻的合作者布拉德雷则始终坚守岗位。布拉德雷从1725年12月14日开始做一系列观测，到12月28日他就注意到天龙γ星的位置已经稍稍向南偏移了。

布拉德雷喜出望外，紧紧追随着这颗星毫不懈怠。日复一日，月复一月，只要夜空中这颗星进入望远镜的视野，他就记录下它的方位。天龙γ星继续朝南移动，然后又回向北方。一年中，它来回摆动了40″。

这不是视差吗？很像，然而却又不是视差。因为，恒星视差是由于地球绕太阳运动而造成的，所以恒星应该在12月份时处于最南面，而布拉德雷观测天龙γ星的结果却是它在3月份最偏南。1727年，布拉德雷又竖起一架较小的望远镜，也发现了类似的摆动。但是直到1728年，他还是无法解释自己的观测结果。

我们还记得，在前文谈到测量火星的视差时，布拉德雷这个人物已经出场了。他在青年时代即以自己的数学才能赢得了牛顿和哈雷的友谊，并于1718年入选英国皇家学会。在天文学上，他的主要志趣正是测量恒星的视差。1728年，布拉德雷有一次泛舟于伦敦的泰晤士河上，注意到桅顶的旗帜并不是简单地顺风飘扬，而是按照船与风的相对运动变换着方向。他意识到，这种情况与你打着伞在雨中行走时是一样的。如果你将雨伞垂直地撑在头上，你就会走进从伞上往下滴的雨点中。但是，只要将雨伞稍稍朝你前进的方向倾斜些，那你就依然能保持干燥。

你走得越快，雨伞就必须往前倾斜得越厉害，雨滴的下落速度与你行进的速度之比决定雨伞应该倾斜的程度（图29）。

图29　雨中的行人觉得雨滴是倾斜地往下落的

布拉德雷找到了天龙γ星位置偏移的正确解释，他在写给哈雷的信中说道："我终于猜出以上所说的一切现象是由于光线的运动和地球的公转所合成的。因为我查明，如果光线的传播需要时间的话，一个固定物体的视位置，在眼睛静止的时候，跟眼睛在运动，但运动方向却又不在眼睛与物的连线上时，将有所不同；而且，当眼睛朝各个不同方向运动时，固定物体的视方向也就有所不同。"换句话说，布拉德雷已经清楚地意识到：在这里，天文学家的望远镜是"伞"，而恒星射来的光线则是"雨点"，在行走的那个人便是我们的地球。望远镜必须像雨伞一样朝着地球前进的方向略微倾斜，这才能使星光笔直地落到它的镜筒里，布拉德雷把这个倾斜角度称作"光行差"（图30）。

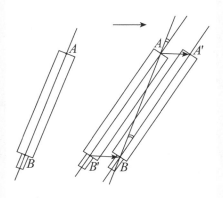

图30　光行差是怎样产生的：如果观测者是静止的（左），那么他看到的星光入射方向就是星光前进的真正方向；如果观测者沿横向AA'移动（右），那么他就会觉得星光是由AB'（或A'B）方向射来的

1728年，布拉德雷又发现，恒星的位置还有一种比光行差更细微的变化。他推测这可能是月球引力的影响使地球的自转轴发生了颤动。布拉德雷称这种颤动为地轴"章动"，经过20年的观测研究，他终于证实了上述判断，并于1747年底宣布了这一发现。

布拉德雷还是没能发现恒星的视差，这超出了他那些望远镜的能力，因为视差是一种比光行差还要小得多的位移。但是，光行差的发现也有其历史功勋。首先，假如地球静止不动的话，就不会出现光行差。因此，它清楚地证实了地球确是在绕太阳公转。其次，光行差的大小取决于地球运动的速度与光速之比，因此根据光行差的数值可以推算出光线行进的速度。最后，光行差既然已被发现，人们就可以在天文观测中扣除这种位移，于是就有可能真正探测到由恒星视差造成的更小的位移了。只是又过了100多年，人们才好不容易勉强做到了这一点。

1742年，哈雷亡故，布拉德雷受命为第三任皇家天文学家。据说他断然拒绝了增加薪俸，因为倘若皇家天文学家的职位太有利可图，那么真正的天文学家就很难获得任命了——俸禄太丰厚的职位将会被善于钻营之徒所窃据。

恒星终于被征服了

19世纪初以来，天文仪器迅速得到改进，这在很大程度上要归功于德国天才的光学家夫琅禾费（Joseph von Fraunhofer，1787—1826年）。他短短的一生只度过了39个春秋，可是他为物理学、天文学和光学仪器做出的贡献却多得惊人。他使望远镜测量角度的精细程度达到空前的水平：0.01″。

夫琅禾费是一位釉工的儿子，曾跟一个光学技师当学徒。他11岁时所居住的房屋倒塌，只有他一人幸存。他顽强地自学，研究玻璃的特性随制备方法而变化的规律，把制作玻璃变成了一种艺术。他改进了多种光学仪器，正是他的仪器最终帮助天文学家测出了恒星的视差。夫琅禾费因患肺结核英年早逝，墓碑上刻着"他接近了群星"。

德国天文学家、数学家贝塞尔（Friedrich Wilhelm Bessel，1784—1846年，图31）充分利用了夫琅禾费提供的便利。贝塞尔本来是一名会计师，却成功地自学了天文学。他21岁时便利用1607年以来的观测结果，重新计算了哈雷彗星的轨道，这使他很早就出了名。贝塞尔的特殊才能引起了普鲁士国王腓特烈·威廉三世的注意，于是他委派贝塞尔监建哥尼斯堡天文台，然后担任这座天文台的台长直至去世。贝塞尔1818年34岁时完成一份当时最大最好的星表，接着他便转向自从哥白尼时代以来在三个世纪中难倒一切大天文学家的难题——测定恒星的视差。他新发明了一种名叫"量

图31 率先测出恒星视差的德国天文学家贝塞尔

日仪"的精密仪器，并请夫琅禾费制作，原本用于精确测定太阳的角直径，当然也可以用来精确测量天空中的其他各种角距离。

现在的问题是如何在满天星斗中选择进攻的目标。观测对象一经选定，天文学家就得将全部心血倾注在它身上。他们自然希望事先就能大致断定，自己选定的目标属于最近的恒星之列。盲目地随便找几颗星星来测量，几乎肯定是要失败的。

有一个判别依据是恒星的表观亮度，或者称为它的视亮度，也就是从地球上看去的亮度。倘若所有的恒星发光能力都差不多的话，那么最近的恒星便会显得最亮。或者反过来讲，最亮的恒星很可能也就是最近的。全天最亮的恒星是天狼星，假如它确实是与太阳一模一样的星体，那它应该比太阳远多少倍，亮度才会减弱到如我们所见的情形呢？当初，哈雷就做过比较，他的计算结果是：天狼星要比太阳远120 000倍。而我们今天知道，天狼星发出的光其实要比太阳多得多，它离我们要比太阳远500 000倍以上。当然，当初是无法知道这一点的。人们也曾将大角星与太阳做过比较，倘若它们的发光能力的确相同，大角星就该有太阳的325万倍那么远。这与今天所知的准确结果差得并不远：大角星离太阳227万个天文单位，大约等于339 000 000 000 000千米。

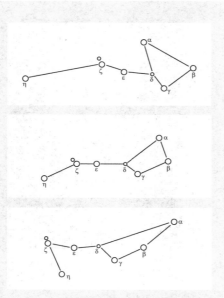

图32 恒星的自行在短时期内很难察觉，但天长日久累积起来却相当可观。本图表明北斗的形状如何因恒星自行而发生变化：（上）十万年以前，（中）现在，（下）十万年以后

第二个判别依据是恒星的自行（图32）。根据日常生活的经验，可以知道运动物体离得越近，它看起来相对于遥远背景便移动得越快。因此，自行大的恒星大概就是比较近的星。

第三个标准和所谓的"双星"有关。双星是一些成对（即成双）的星星，双星系统中的两颗成员星都称为此双星的"子星"，它们不仅看上去彼此靠得很近，而且确实在万有引力作用下像一对舞伴那样互相绕着转。今天我们已经知道双星在天空中非常普遍。倘若有两个双星系统，我们简单地认为它们的公转平面恰好都与我们的视线方向相垂直，而且还假定它们的公转周期相同，又假定这两个双星系统的质量也相同，那么按照牛顿的万有引力定律就可以知道，这两对双星中两个子星之间的距离也必定相同。于是，离我们近的那组双星的两个子星在天空中看上去就分得更开些，正如近处的两盏街灯看上去要比远方的两盏分得更开一样。倘若两对双星的质量相同，但是公转周期不同，那么把开普勒第三定律运用到这些双星上便可以知道，周期短的那个双星中的两颗子星一定彼此靠得较近，周期长的则彼此离得较远。假如再进一步，这两对双星从地球这儿看上去，两个子星张开的程度却又相同的话，那么周期短的（也就是两颗子星彼此靠得较近的）那个双星，必定就是离我们较近的了。我们立刻可以想到：两颗子星互相绕转的周期比较短，同时它们看上去却分得比较开的那些双星系统必定是离我们特别近的。

早在1812至1814年间，不满30岁的贝塞尔就注意到天鹅61星符合上述第二条和第三条判别依据。它是一个张开程度很大的双星，而且也是当时所知的自行最大的恒星，它在一年中便可以移动5.2″，在380年中它的位移就相当于整个月球的角直径，因此又被天文学家们称作"飞星"。天鹅61的两颗子星都并不显眼，称不上亮星，但是根据上面说的后两个条件，它已经使贝塞尔感到非常满意了。须知，同时满足所有上述三个判别标准的恒星几乎是绝无仅有的。稍后我们还会讲到，苏格兰天文学家亨德森（Thomas Henderson，1798—1844年）非常有幸地恰好选中了它，这就是半人马α星。

　　1837年，贝塞尔一切准备就绪，他的量日仪指向天鹅61星。他用附近两颗更暗的星作比较星，它们均无可察觉的自行。幽暗加上静止不动，足以令人信服：这两颗比较星距离遥远得不会有任何可察觉的视差位移。

　　整整一年之内，贝塞尔对它们进行了无数次的测量，在排除所有非视差的因素——包括布拉德雷发现的光行差和同样由布拉德雷发现的章动——之后，贝塞尔终于发现，天鹅61星正在细微地改变着自己的位置，其变化方式使人相信：这正是视差！

　　1838年12月，贝塞尔终于宣布：这颗星的视差是0.31″，这相当于从16.6千米以外的远处看一枚1元硬币所能见到的大小。这也就是说，天鹅61星距离我们约有66万天文单位，或者说，它大约位于100 000 000 000 000千米之外，这可是一个长达15位的数字啊！

　　光每秒钟能走300 000千米，因此天鹅61星发出的光跑到我们这儿，路上要花费十年有余的时间。由此，天文学家也常说，天鹅61星与我们的距离是11光年。后来，更精确的测量表明，此星的视差为0.294″，相应的距离便是地球到太阳距离的70万倍，或105 000 000 000 000千米。光线走完这段路程差不多要花11年又2个月。

　　现在，让我们再花些笔墨，对"光年"这个名词做进一步的解释。"光年"与"年"是完全不一样的，它不是时间的单位，而是长度的单位。它不是一座"钟"，而是一把"尺"，一把"量天"的尺。在测量天体距离时，它所起的作用就像量布时用的市尺或米尺一样。那么，天文学家们为什么非要放弃大家如此熟悉的"厘米""米"或者"千米"，却换上这样一把陌生的新尺子呢？

这正是因为恒星太遥远了，如果用千米来表达它们的距离，那就得写成长达十几位、二十几位的累赘庞大的"天文数字"，更不必说用厘米、毫米为单位了。冗长的数字往往是令人生厌的。打个比方，北京到上海的铁路距离约为1 400千米，假如有个古怪的人，他非要说北京到上海乘火车是1 400 000 000毫米，您难道不会感到啰唆吗？

众所周知，1天有24小时，1小时是60分钟，1分钟等于60秒钟，所以1天有86 400秒。请问，光在一天中可以跑多远呢？很容易计算，它约等于

$$300\ 000 \times 86\ 400 = 25\ 920\ 000\ 000（千米）$$

差不多等于从地球到太阳往返87次。

一年约有365.25天，光就可以跑259.2亿千米乘以365.25，也就是约94 600亿千米，为了简便起见，也可以说成9.5万亿千米。人们甚至还经常说1光年大致就是10万亿千米。更简便的写法则是

$$1光年 \approx 9.5 \times 10^{12}千米，$$

或

$$1光年 \approx 10^{13}千米$$

为了对它获得一些更直观的印象，我们不妨设想，把地球的直径缩小10亿倍，于是地球就成了一颗直径只有1.3厘米的小"葡萄"；北京到上海的直线距离本来是1 000千米左右，这时却缩成1毫米；将1光年按同样的比例缩小10亿倍，却还有9 000多千米，相当于北京到巴黎的真实距离那么远。您看，光年是一把多么巨大的"尺子"啊！

总之，说天鹅61星的距离是11光年，要比说它离我们105 000 000 000 000千米方便得多。

1844年贝塞尔还用他的"量日仪"做出一项惊人的发现。他注意到天狼星的位置在很有规律地移动。这种微小的位移，既不是光行差和章动，也不是通常的视差，而像是自行的微小波动。贝塞尔认为，这种现象起因于天狼星有一颗非常暗但是质量却不小的伴星，它们在万有引力作用下，像一对舞伴那样一边互相绕着转动一边向前行进。人们看不见那颗暗伴星，只是察觉到了天狼星自行的波动。贝塞尔的这一想法，后来被证明是正确的。他的这项发现标志着，天文学家们开始把更多的注意力从太阳系内转移到了外面的恒星世界。

科学史上经常发生这样的情形：一项困难的工作，在很长时期内一直停滞不前，它使许多有名而能干的人遭受挫折，但在此后的某个时候却取得了奇特的进展，这时有几个人不约而同地打破了僵局，他们几乎同时获得振奋人心的胜利。在这里，这种情况又发生了。

只比贝塞尔晚两个月，亨德森求出了半人马α星的距离（图33）。这颗星的中文名字叫"南门二"，它的视亮度在全天众星中名列第三，仅次于天狼星和老人星（船底α），比大角星和织女星还亮。不过它太偏南了，北半球大部分地方的人都看不到它。半人马α星的自行也很大，达到天鹅61星的3/4，为每年3.7″。加之它又是一个张角很大的短周期双星，两颗子星每79年便互绕一周。所有这一切都使它很有希望是离我们太阳最近的恒星，而事实上也果真如此。

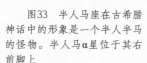
图33　半人马座在古希腊神话中的形象是一个半人半马的怪物。半人马α星位于其右前脚上

亨德森出生于苏格兰的邓迪，原是一名律师，但他业余嗜好天文学，最终这种爱好变成了职业。亨德森是在南非好望角天文台观测半人马α星的，贝塞尔在欧洲见不到它。1831年，亨德森就任好望角天文台台长，但是他后来回老家受命为首任苏格兰皇家天文学家了。他求出半人马α星的视差是0.91″，几乎为天鹅61星的3倍，因此半人马α星要比天鹅61星近得多。亨德森的数据意味着半人马α星要比太阳远20万倍，距离我们30万亿千米。事实上，它比这更远——远在4.3光年之外，但这并没有使它丧失"太阳最近的恒星邻居"的地位。

需要补充的是，人们在1915年发现，另有一颗幽暗的小星在绕着半人马α双星系统运转，目前它在轨道上所处的位置，比半人马α双星的两颗子星离我们更近，距离我们仅4.22光年。它是真正的离太阳最近的恒星，因此，人们将它称为"比邻星"。

其实，亨德森比贝塞尔早很多时间就完成了观测，但是他直至回到苏格兰的首府爱丁堡谋得新职之后，才完成数据的整理和计算，于1839年初发表了研究结果。很自然地，"第一人"的荣誉便归于最先抵达彼岸的贝塞尔了。

在此期间，俄国德裔天文学家斯特鲁维（德文名Fredrich Georg Wilhelm von Struve，俄文名Василий Яковлевич Струве，1793—1864年）也获得了成功。斯特鲁维出生于德国，1808年15岁时为逃避拿破仑侵略军征兵，他先是逃到丹麦，后来又到了俄国。斯特鲁维1810年17岁毕业于爱沙尼亚的多尔巴特（今塔尔图）大学，1813年20岁时被聘为母校的天文数学教授，1815年22岁时任多尔帕特天文台台长，1832年当选为圣彼得堡科学院院士。1833年斯特鲁维奉沙皇尼古拉一世之命在圣彼得堡附近开始兴建普尔科沃天文台，并担任首任台长达20余年之久。斯特鲁维一家一连四代出了6位著名的天文学家，他是第一代，后来第二、第三代又迁居德国。第四代奥托·斯特鲁维（Otto Struve，1897—1963年）于1921年移居美国，先后出任美国几个著名天文台的台长，当选为美国科学院院士，1952—1955年当选国际天文学联合会主席。

1824年，第一代斯特鲁维获得一架口径24厘米的优质折射望远镜，那也是夫琅禾费制造的。这是第一架配上了"赤道仪"的天文望远镜，有了赤道仪，望远镜才能自动跟踪缓慢地东升西落的星体。后来，这架仪器随同斯特鲁维一起转移到了普尔科沃天文台——它是19世纪中最完善的天文台之一。斯特鲁维用这架望远镜为天文学做出许多重要的贡献。他用它来测定恒星的视差，选择的目标是织女星。

织女星是全天的第五亮星，也是在北半球天空中能够高高升起的第二号亮星（仅次于大角星）。它的自行是每年0.35″，足以引起人们的注意。斯特鲁维从1835年开始进行测量，到1838年才大功告成。他推算出的织女星视差是0.26″，比今天公认的数值大一倍，于是他算出的织女星距离就太近了。不过，我们不应该过于苛求前人，在当时，这样微小的视差位移居然被他测量出来，就足以称得上是一项了不起的成就了。可惜，斯特鲁维直到1840年才宣布自己的结果，他落到了贝塞尔、甚至也落到了亨德森的后面。织女星比半人马α星和天鹅61星远得多，离我们有26.3光年。但是，它依然是太阳的近邻。

自从天文望远镜发明以来，已经230年过去了。直到这时，恒星才终于向锲而不舍、顽强奋战的天文学家屈服了。恒星视差的测定，使死抱住地心宇宙体系的顽固派们失去了最后一根"救命草"。哥白尼派终于攻克了反对派们赖以顽抗的最后一个碉堡。回想当初，16世纪末《天体运行论》在思想界的影响开始引起教会的恐慌，1616年罗马教廷将《天体运行论》列为禁书。直到1835年，教会才在禁书目录中删除了《天体运行论》。

"日心说"彻底胜利了。1889年6月9日，在布鲁诺殉难289周年之后，在活活烧死他的地方——罗马的鲜花广场上，人们为这位"捍卫真理而宁死不屈的伟大战士"竖起一座纪念铜像。

三角视差的限度

到了1900年，天文学家已经用上面所讲的三角法测出大约70颗恒星的距离。到1950年，这个数字上升到了6 000颗。1952年，美国耶鲁大学天文台出版了一本《恒星视差总表》，列出三角视差的恒星即有6 000颗左右。用三角法测定的视差称为"三角视差"，直到20世纪80年代初，用三角法总共只求出约7 000颗恒星的距离。

为什么这个数字几乎再也上不去了呢？原来，用三角法测量视差有一个限度，超过这个限度三角法就无能为力了。只有对于近距恒星才能运用三角测量法，对远星就不行。问题是：区分近星和远星的界限又是什么呢？多远的星星就不能算作近星了？

为了说明这个问题，我们再来谈谈下面这两件事情。

首先，我们介绍一把"更长的尺"，它的名字叫作"秒差距"。"秒差距"的长度是这样确定的：当恒星离我们1秒差距远时，它的视差刚好是1″；或者反过来说，如果一颗恒星的视差是1″，那么它同我们的距离刚好就是1秒差距。于是，当一颗恒星离我们10秒差距远时，它的视差便为0.1″；离我们100秒差距远时，视差为0.01″。总之，恒星视差的倒数正好就是它离开我们的秒差距数，这便是使用"秒差距"这把新尺子的特别方便之处。秒差距这把尺子比光年还要长，它们之间的关系是：

$$1 秒差距 = 3.259 光年$$
$$= 206\ 265 天文单位$$
$$= 3.08 \times 10^{13} 千米$$

或者近似地说，1秒差距大致等于日地距离的20万倍，或约30万亿千米。

其次，再谈一下误差。从日常经验就可以知道，裁1米布，可以裁得1厘米、1毫米都不错；但是，你没法裁得1微米也不差，这就是量布时的"测量误差"。同样，科学上的任何测量，也都不可避免地会有一定的误差。通常，用三角法测量恒星视差时，误差大约在0.01″光景。当恒星远达100秒差距时，它的视差就是0.01″，此时测量误差便和视差本身一般大小了。对于更远的恒星而言，测量时的误差就会比它的视差本身更大，那就没有太大的意义了。因此，用三角法测量恒星距离的极限便是100秒差距光景；比这更远的恒星，都该算作远距恒星，要确定它们的距离就必须另找出路了。不过，三角视差法毕竟是测定太阳系外天体距离的最基本的方法，其他方法都要用三角视差法来校验。

由此可见，我们真是幸运。那些最近的恒星恰好离我们如此之近，以至于天文学家竟然真的用三角法测出了它们的视差。倘若它们统统都远上100倍的话，那么，说不定直至今天，人们除了太阳以外，对别的恒星究竟有多远都还难以奉告呢。

1989年8月8日，欧洲空间局发射了"高精度视差收集卫星"（High Precision Parallax Collecting Satellite），其英文名称缩略词Hipparcos的拼写和发音，与古希腊天文学家伊巴谷的名字近乎相同，故又称为"依巴谷卫星"（图34）。这里的"依""伊"一字之别，恰好体现出这颗卫星同伊巴谷其人两者的英文名拼写有细微差异。这颗卫星前后运行近4年，1993年8月初因计算机失控而停止工作。天文学家们整理、分析了它的观测数据，编成一部大约包含12万颗恒星的天体测量星表——依巴谷卫星星表，其中最暗的恒星可暗到12.4等星[1]。它测量恒星三角视差的

---

[1] 有关恒星亮度的知识，本书后文"星星的亮度"一节中还会详细介绍。

精度，暗到9等星仍高达 0.002″（对更暗的星精度稍差），由此导出的离太阳100秒差距以内的恒星距离数值，相对误差不超过20%。

2013年12月，欧洲空间局发射了第二个用于空间天体测量计划的卫星"盖亚"（Gaia）。盖亚卫星的结构和原理同依巴谷卫星相似，但使用了一些最新技术，因此它的观测星数和精

图34 "依巴谷卫星"艺术形象图，天空背景照片上显现出群星绕北天极做周日视运动的痕迹

度又比依巴谷卫星高了成百上千倍，可以测定远至10万光年的恒星三角视差。盖亚卫星原计划工作5年，但实际上到2022年它依然在勤勉地工作着。

盖亚卫星计划观测视星等暗至20等的10亿个以上的天体，获得它们的精确位置、自行、视差，以及亮度、视向速度、光谱分类等物理特性。盖亚卫星的测量精度非常之高，即使暗到20等星，测量位置的精度仍可达223微角秒（即0.000 223″），测量视差的精度可达300微角秒（0.000 3″），测量自行的精度则可达158微角秒/年。2016年9月，盖亚卫星的首批观测结果已经发布，包括11亿个源的位置和星等，以及相当一部分恒星的其他重要特征。

表2列出离太阳最近的21颗恒星的距离及有关情况。

表2　离太阳最近的21颗恒星*

星名	视差（角秒）	距离（光年）	自行（角秒/年）	视星等	光度（以太阳光度为1）
半人马α C	0.772	4.22	3.85	11.0	0.000 06
A	0.750	4.34	3.67	0.0	1.6

续表

星名	视差（角秒）	距离（光年）	自行（角秒/年）	视星等	光度（以太阳光度为1）
B	同上	同上	3.66	1.3	0.45
巴纳德星	0.547	5.96	10.34	9.5	0.000 45
沃尔夫359	0.419	7.78	4.67	13.5	0.000 02
拉朗德21185	0.398	8.19	4.78	7.5	0.005 5
卢伊顿726-8 A	0.382	8.53	3.33	12.5	0.000 06
B	同上	同上	同上	13.0	0.000 04
天狼A	0.376	8.67	1.32	−1.4	23.0
B	同上	同上		8.3	0.003
罗斯154	0.342	9.53	0.74	10.4	0.000 48
罗斯248	0.314	10.38	1.82	12.3	0.000 11
波江ε	0.307	10.62	0.98	3.7	0.30
罗斯128	0.302	10.79	1.40	11.1	0.000 36
卢伊顿789-6	0.294	11.08	3.27	12.2	0.000 14
BD+43°44 A	0.291	11.20	2.90	8.1	0.006 1
B	同上	同上	2.91	11.1	0.000 39
天鹅61 A	0.291	11.20	5.20	5.2	0.082
B	同上	同上	同上	6.0	0.039
BD+59°1915 A	0.290	11.24	2.29	8.9	0.003 0
B	同上	同上	2.27	9.7	0.001 5

  ＊表中"视星等"表征恒星的表观亮度；"光度"表征恒星的发光本领，即恒星表面每秒钟发出的总能量。参见后文"星星的亮度"一节。

通向遥远恒星的第一级阶梯

星星的亮度

用三角视差法测定100秒差距以外天体的距离，可说是困难重重。天文学家们费尽心机想出了另外几种方法，它们大多牵涉到恒星的亮度。

早在2000多年之前，伊巴谷就用"星等"来衡量星星的亮度。他把天上20颗最亮的恒星算作"1等星"，稍暗一些的是"2等星"，然后依次为"3等星""4等星""5等星"，正常人的眼睛在无月的晴夜勉强能看到的暗星为"6等星"。

这样区分恒星的亮度很不严格。20颗1等星也不是真正一样亮的。很有必要像测量一件东西的长度一样，定出一个准确的标准，用它来表示恒星的亮度，就像用尺表示长度那样明确无误。

直到1856年，英国天文学家波格森（Norman Robert Pogson，1829—1891年）才首先做到这一点。波格森曾在英格兰和印度的天文台工作，19世纪50年代和60年代他先后发现了9颗小行星。关于恒星的亮度，波格森发现，1等星的平均亮度差不多正好是6等星平均亮度的100倍。于是，他据此定出一种亮度"标尺"：星等数每差5等，亮度就差100倍；或者反过来讲，恒星的亮度每差2.512倍，它们的星等数便正好相差1等。于是，5等星的亮度是6等星亮度的2.512倍，4等星的亮度又是5等星亮度的2.512倍，因此，4等星的亮度就是6等星亮度的$2.512 \times 2.512 = 2.512^2$倍，即6.310倍；3等星又比4等星亮2.512倍，因此它比5等星亮6.310倍，比6等星亮$2.512^3 = 15.85$倍，如此等等。这样容易算出，1等星的亮度就是6等星亮度的$2.512 \times 2.512 \times 2.512 \times 2.512 \times 2.512 = 2.512^5$倍，也就是前面所说的恰好亮了100倍。

对于更暗的星，7等星比6等星暗2.512倍，8等星又比7等星暗2.512倍……容易算出，11等星正好比6等星暗100倍。

比1等星亮的是"0等星"，比0等星更亮的是"−1等星"，容易明白"−4等星"应该比6等星亮上10 000倍。

在表3中，列出了星等之差与亮度之比的对应关系。

表3　星等差和亮度比的对应关系

星等差	亮度比	星等差	亮度比
0.1	1.096	4.0	39.82倍
0.5	1.585	5.0	100.00
1.0	2.512	6.0	251.2
2.0	6.310	10.0	10 000
3.0	15.850	20.0	100 000 000

从地球上看一颗恒星的亮度，称为它的"视亮度"，它的星等数称为"视星等"。在表4中，我们列出前面已经提到的一些天体的视星等数值。

表4　一些天体的视星等

天体	视星等	天体	视星等
太阳	−26.7等	牧夫α（大角）	0.0
月亮（满月时）	−12.7	天琴α（织女）	+0.1
金星（最亮时）	−4.4	天鹰α（牛郎）	0.8
大犬α（天狼）	−1.4	天鹅α（天津四）	1.3
船底α（老人）	−0.7	小熊α（北极星）	2.0
半人马α（南门二）	−0.2	天鹅61	5.2

由表4和表3可以推算出，从地球上看去，天狼星要比织女星亮4倍，太阳则比天狼星亮130亿倍。

但是，天狼星离我们远达2.7秒差距，即8.7光年左右，要比太阳远

55万倍。倘若把太阳和天狼星移到离我们同样远的地方，那么两者之中究竟哪个会更亮些呢？

让我们来看一下图35。离灯1米远的板接收到的灯光，等于2米远处的$2 \times 2 = 4$块同样大小的板接收到的灯光，也等于3米远处的$3 \times 3 = 9$块同样大小的板所接受到的灯光；而4米远的每块板上接收到的灯光是1米远的板接收到的1/16。当距离增加k倍时，灯的亮度看起来就暗$k \times k = k^2$倍。也就是说，光源的视亮度和它到观测者的距离平方成反比。

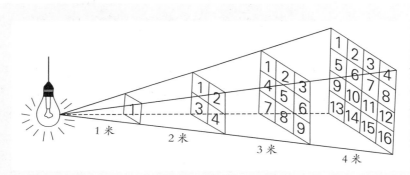

图35　光源的视亮度与它到观测者的距离平方成反比。图中每个编上号的小方块面积都相同，但是一个小块离电灯越远，接收到的灯光就越少

把太阳放到天狼星那么远时，它看上去就会比现在暗$550\,000^2$倍，即暗3 000亿倍左右。因此，天狼星的实际发光本领要比太阳强3 000亿/130亿=23（倍）。也就是说，如果将它们移到相同的距离上，太阳就会比天狼星暗得多。

在天文学中，通常都假定将恒星移到10秒差距的距离上来比较它们的亮度。一颗星处在10秒差距这么远的距离上时，其视星等就叫作这颗星的"绝对星等"。绝对星等表征了恒星真实的发光能力——即恒星的"光度"。根据光源亮度与距离平方成反比的规律，我们很容易从太阳和天狼星的视星等推算出它们的绝对星等：太阳是4.8等，天狼星是1.3等。

总之，在视星等、绝对星等和距离（或视差）这三个数字中，如果已经知道了其中的两个，就可以计算出另外一个，这在推算恒星距离时十分有用。通常，恒星的视星等可以直接由观测获得，倘若我们又能通过一些迂回的途径求出其绝对星等，那么就可以进一步确定它的视差或距离了。下面，我们首先介绍利用恒星光谱推求其绝对星等，并进而求得恒星距离的"分光视差法"。

恒星光谱分类

早在1666年，24岁的牛顿就用三棱镜分解了太阳光。阳光通过棱镜后展开成一条宛如彩虹的色带，从它的一端到另一端依次排列着红、橙、黄、绿、蓝、靛、紫各种颜色，这些颜色之间是均匀缓慢而连续地过渡的。这种彩带就叫作光谱。

19世纪初，英国物理学家和化学家沃拉斯顿（William Hyde Wollaston，1766—1828年）让太阳光先穿过一条狭缝再通过棱镜，从而首先观测到了太阳光谱中有一些暗线。在进一步了解这些暗线的重要性之前，我们值得花点时间来认识一下沃拉斯顿其人。

沃拉斯顿年轻时在剑桥大学学习语言，后来转而学医。1793年获得医学学位后曾行医7年，再后来又因视力衰退而放弃诊治病人，改为致力于科学研究。沃拉斯顿热衷于研究铂，并卓有成就。1804年他从铂矿中析出一种其化学性质与铂类似的新金属，并将其命名为钯（palladium），以纪念奥伯斯刚刚发现的第2号小行星智神星（Pallas）。当时，人们习惯于以一颗新行星的名字为一种新的金属取名，例如1789年发现的金属铀（uranium）以威廉·赫歇尔在8年前发现的天王星（Uranus）命名；1803年发现的金属铈（cerium）以皮亚齐于两年前发现的第1号小行星谷神星（Ceres）命名。后来，人们还以海王星（Neptune）的大名命名了金属镎（neptunium），以冥王星（Pluto）命名了金属钚（plutonium）等等。

1793年，沃拉斯顿当选英国皇家学会会员。1820年，连任皇家学会主席长达42年之久的班克斯（Joseph Banks，1743—1820年）去世，大家都认为继任者应该是沃拉斯顿。但是，沃拉斯顿谦逊地让位给了比他年轻的著名化学家戴维（Humphry David，1778—1829年）。

沃拉斯顿第一个观测到了太阳光谱中的暗线，可惜，他误以为它们只是光谱中各种颜色之间的天然分界线而已——这是科学史上坐失发

图36　夫琅禾费（直立者）和他的朋友正在进行分光镜实验

现良机的一个典型实例。

　　首先系统而细致地研究太阳光谱中那些暗线的是夫琅禾费。他将棱镜和小型望远镜连接起来，观测从远处的狭缝射进来的太阳光。这一装置便是有史以来的第一具分光镜（图36）。夫琅禾费于1814年发现，在太阳光谱里有"不可计数、强弱不一的垂直光谱线，它们比背景的颜色暗黑一些，有些谱线差不多是完全黑暗的"。在他发表的太阳光谱图中，暗线已经多达500余条，后人便将它们称为"夫琅禾费线"。这些光谱线的强弱宽窄虽然各不相同，它们在光谱中的相对位置却固定不变。夫琅禾费给许多重要的光谱线一一取名，它们分别用大写字母A，B，C……或小写字母a，b，c……来表示，这些记号一直沿用至今。

　　在19世纪，自然科学各大领域中都取得了一系列重大的成就，其中之一便是认识了光的电磁本质：光是一种电磁波，不同颜色的光具有不同的波长和频率。肉眼能感知的光称为"可见光"，它的波长范围大致为4 000～7 000埃。"埃"是国际物理学界沿用已久的一种长度单位，通常用符号Å来表示。1 Å的长度只有1厘米的一亿分之一，即等于0.1纳米。由此可见，天文学家不仅要同像"光年"和"秒差距"那样巨大的尺度打交道，而且还得同像"纳米"和"埃"那么细小的东西交朋友。红光的波长在6 500 Å（650纳米）左右，紫光的波长则短到4 000 Å（400纳米）上下。在可见光两端之外，分别是红外线和紫外线。红外线的波长比红光更长，紫外线的波长比紫光更短。太阳光谱中的夫琅禾费线既然各有固定的位置，那就说明它们各有自己特定的波长。例如，橙黄色的D_1和D_2线的波长分别为5 896 Å（589.6纳米）和5 890 Å（589.0纳米），红色的C线波长为6 563 Å（656.3纳米），紫色的H线和K线的波长则分别为3 968 Å（396.8纳米）和3 934 Å（393.4纳米）。

我们也可以用分光镜和光谱仪获得大量恒星的光谱。有些恒星的光谱与太阳光谱十分相似。但是，一般说来，不同恒星的光谱相互之间往往有着不小的差异。正如生物学家对五花八门的动物或植物进行卓有成效的分类一样，天文学家也对恒星光谱做了类似的分类工作。有人认为，分类法"可能是发现世界秩序的最简单的方法"，这话多少有点道理。

最先观测恒星光谱的也是夫琅禾费，他曾将它们与太阳光谱进行比较。但是，恒星光谱分类工作的真正先驱者却是意大利天文学家赛奇（Pietro Angelo Secchi，1818—1878年）。他是率先将照相术用于天文学的几位先驱者之一，一生对天文学有许多重要贡献。赛奇研究了大量恒星的光谱，在人类历史上第一次明确了不同的恒星除了位置、亮度、颜色各有差异外，还存在着其他差别：恒星光谱的不同往往反映出它们的化学组成有所不同。1868年，赛奇公布了一份包含4 000颗恒星的星表，表中将这些恒星按光谱的差异区分成四类。第一类是白星，它们的光谱中只有极少几条谱线，天狼星和织女星可以作为这类恒星的代表；第二类是黄星，其光谱与太阳光谱很相似；第三类是橙红星，光谱中出现明暗相间的宽阔谱带，这类谱带向着红端逐渐减弱，猎户α星（参宿四）和天蝎α星（心宿二）便是它们的代表；第四类是深红色的星，它们的光谱特征与第三类恒星恰好相反，在红端呈现出宽阔的光谱带，朝着紫端谱带逐渐减弱。赛奇开创的恒星光谱分类最终导致了恒星演化的思想，正如生物学中的物种分类曾经导致了物种进化的思想一般。

在赛奇之后，恒星光谱分类不断向前发展。到19世纪末，它已经变得非常精细。美国哈佛天文台台长皮克林（Edward Charles Pickering，1846—1919年）的团队受到德雷珀纪念基金的资助——读者当记得本书"序曲"的"星座与亮星"一节已经介绍过天文学家亨利·德雷珀和德雷珀纪念基金，对恒星光谱开展了大规模的研究。皮克林的团队于1890年使用从A到Q的一系列字母（除去J）来表示不同的光谱类型（共有16类）。以后的研究发现，其中有些是双星的合成光谱，有些是拍摄得不好的光谱，于是便将某些类型取消了。

皮克林的团队最后获得24万余颗恒星的光谱，对它们分类的结果全部列入了亨利·德雷珀星表，即HD星表。如此浩瀚而精细的分类工作，大部分是由皮克林的助手坎农女士（Annie Jump Cannon，1863—1941年）奋力完成的——这位两耳几乎完全失聪的女性乃是美国第一位享有世界声誉的女天文学家。

坎农按照恒星的表面温度（可惜，限于篇幅，本书不能详细介绍如何测定恒星的温度了）由高而低的次序，重新调整了主要光谱类型的顺序（图37）。从温度最高的O型星开始，构成了如下的序列：

O B A F G K M

为了便于记忆，有人利用这些字母编造了一个英语句子："Oh! Be A Fair Girl，Kiss Me"，译成中文就是"啊，好一个仙女，吻我吧"。这句话中，每个单词的第一个字母恰好构成上述光谱型的顺序。每个光谱型还可以更加细致地划分成10个次型，例如从B型过渡到A型，便又有B0，B1，B2……B9这10个次型，它们的光谱特征是依次连续变化的。

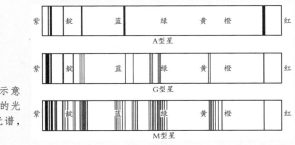

图37　恒星光谱示意图。上面一条是A型星的光谱，中间是G型星的光谱，下面是M型星的光谱

这便是非常有名的"哈佛分类法"，它赢得了全世界天文学家的信赖，如今人们仍在广泛地应用它。

有趣的赫罗图

在进行恒星光谱分类之后，天文学家们又发现：表面温度高的恒星发光能力也强，表面温度低的恒星发光能力也低。换句话说，O型星（它的表面温度高达三四万开）的绝对星等数字最小，M型星（其表面温度仅为二三千开）的绝对星等数字最大。太阳是一颗G2型星，其表面温度略低于6 000开，是一颗具有中等发光能力的恒星。

我们还可以用图示的方法来表现上述的规律。如图38，横坐标代表恒星的表面温度，并且注明了与之相应的光谱型，纵坐标是恒星的绝对星等。我们已经知道，对于距离已知的（例如，已经用三角法测出了视差的）恒星，很容易从它的视星等推算出绝对星等；光谱型则可以直接由观测确定。于是，根据一颗星的绝对星等数值和它的光谱型，便可以确定它在图上应该居于什么位置。例如，太阳的绝对星等为+4.8，光谱型为G2，所以它便落在图中"太阳"两字所指处。

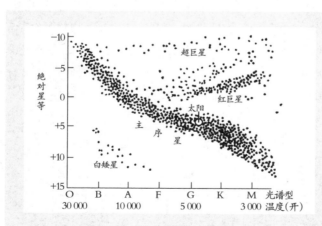

图38 赫罗图。横坐标代表恒星的表面温度（或光谱型），纵坐标代表恒星的绝对星等

20世纪初，丹麦天文学家赫兹普隆（Ejnar Hertzsprung，1873—1967年）和美国天文学家罗素（Henry Norris Russell，1877—1957年）各自独立地率先进行了上述这类研究，因此人们将这种图称为"赫罗

图"。从图上可以看到，代表大多数恒星的点子都分布在从左上方到右下方的一条窄带上，太阳正在它的中部。这条窄带称为"主序"，落在主序上的恒星便称为"主序星"。在左下角有一些颜色白但发光能力较弱的恒星，它们称为"白矮星"。图的最上方是一些特别亮的星，称为"超巨星"。在超巨星与主序星之间则水平地分布着一些"巨星"。

正是这种赫罗图，为人们了解恒星如何度过它的一生提供了极其重要的线索。不过，我们在这儿更加关心的则是，它如何使人们大大增加了有关恒星距离的知识。利用赫罗图推求恒星视差的方法，便是下一节将要介绍的"分光视差法"。

关于赫罗图的两位创始人，还值得一提，赫兹普隆的岳父卡普坦（Jacobus Cornelius Kapteyn，1851—1922年）是现代天文学中的重要人物，在后文"银河系的真正发现"一节中将会谈及卡普坦的功绩。据认为，首创"绝对星等"这一重要概念的天文学家是赫兹普隆，但另一种说法认为是卡普坦。其实很可能这是他们两人商讨的结果。

罗素20岁时毕业于普林斯顿大学天文学系，3年后取得博士学位。他从1912年35岁开始，长期担任普林斯顿大学天文台台长，直至70岁退休。罗素在天文学的许多分支各有建树，而且十分热心天文普及，他从1900年起每个月都为著名的科普期刊《科学美国人》撰文，至1943年共发表500篇作品，内容几乎涉及天文学的所有方面。

分光法的妙用

1914年，美国威尔逊山天文台的沃尔特·亚当斯（Walter Sydney Adams，1876—1956年）和德国天文学家科尔许特（Ernst Arnold Kohlschütter，1883—1969年）合作，发现光谱型相同的巨星和主序星彼此的光谱仍存在着一些差别。这些差异虽然细微，却具有特别重要的意义。其具体表现是：某些光谱线的强度之比，对于巨星和对于主序星很不相同。

于是，人们便可以这样来推求一颗相当遥远的恒星的距离：先拍摄它的光谱，确定它的光谱型；接着又考察它的光谱中某些光谱线的强度比，由此判断它是巨星还是主序星；这时就可以粗略地确定它在赫罗图中应该占据什么位置了。也就是说，它的绝对星等大致就等于赫罗图上同样光谱型的主序星（或巨星）的绝对星等的平均值。确定它的绝对星等后，再同它的视星等进行比较，便可以求出这颗星的距离了。

下面的比喻也许能帮助读者更好地理解这种方法的实质。不会有人否认，人的身高和体重之间有着一定的联系。一般说来，高个儿的人应该比较重，矮个儿的人往往比较轻。虽然也有十分瘦长或者特别矮胖的人，但是普遍的趋势终归是身材高的体重大，身材矮的体重轻。因此，当你知道一个人的身高为1.70米时，你就可以大致估计他的体重在70千克左右；反之，当你知道了一个人的体重为80千克时，你就会预料他的身高也许在1.80米上下。这种推测和估计决不可能达到绝对准确的地步，但大致说来还是可信的。假如我们把恒星的光谱型比拟作人的身高，把它的绝对星等比拟为人的体重，那么从恒星的光谱型推测其绝对星等的可靠性，大体上就和从人的身高推测其体重的情况相仿。

也许有人会想，身高与体重之间的关系，对于男人和女人，或者对于中国人和外国人，是有些差异的，因此仅仅根据身高来推测体重也许并不很可靠。假如知道了一个人的身高，同时还知道他（或她）的民族和性别，那么就可以把他（或她）的体重估计得更准确了。同样身高1.80米的人，欧洲人往往要比亚洲人更壮实些，因此体重也更重一些，这不是显而易见的吗？

事实正是这样。因此，我们还需要尽量多知道一些其他方面的情况。对于研究人的身高与体重的关系而言，这种附加的信息可能是性别或国籍；对于研究恒星的光谱型与绝对星等的关系而言，这种附加的信息则是某些光谱线的强度之比。

有了分光视差法，人们能求出距离的恒星数目便迅速上升。求得的距离也从在地面天文台利用三角视差法的100秒差距向前一举推进到了上万秒差距。

我们还记得，在"恒星终于被征服了"一节中谈到贝塞尔关于天狼伴星的大胆猜测。后来，1862年美国望远镜制造家阿尔万·格雷厄姆·克拉克（Alvan Graham Clark，1832—1897年）在检验一块新磨制的直径46厘米的透镜时，真的借助于它在天狼星近旁看到了那颗暗弱的伴星（图39），而最终解开天狼伴星之谜的则是沃尔特·亚当斯。

贝塞尔当初推断天狼伴星的质量不亚于太阳，如今亚当斯又根据天狼伴星的光谱断定它比太阳更热！一颗恒星，如此之热而又如此之暗，只能说明它发光的表面积很小，因而体积必定也很小——比地球大不了多少。一颗恒星，体积如此之小而质量却如此之大，又说明它的物质密度必定大得出奇——要比水的密度大好几万倍！事情怎么会这样呢？原来，在天狼伴星这样的超高密度恒星中，构成星体物质的原子都被压碎了，以至于它们的原子核彼此严严实实地挤在一

图39　天狼星及其伴星又分别称为天狼A星和B星。天狼A星是夜空中最亮的恒星，其光谱分类属于A型星，它的光辉彻底压倒了图中左下方的天狼B星——一颗典型的白矮星

起，变成了所谓的"退化物质"。这样的恒星就是白矮星。

现在我们再回到距离和视差问题上来。三角视差法让人们"触摸"到了100秒差距以内的近星，分光视差法则使天文学家的巨尺又往远处延伸了成百上千倍，它是我们通向更遥远天体的第一级阶梯。

然而，分光视差法也不是万能的。须知，拍摄一颗恒星的光谱，要比拍下这颗星星本身困难得多。有些遥远而暗弱的恒星，甚至用世界上最精良的望远镜和光谱仪也难以得到其清晰的光谱。况且，还有为数众多的恒星（例如许多变星和新星）并不能用寻常的方式找出其光谱与绝对星等之间的联系，它们在赫罗图上的位置是与众不同的。对于这些天体，分光视差法就失去了它的威力。

幸而，天文学家们还有别的好办法。在介绍这些新方法之前，我们再来讲述一段新的插曲，它将人类深邃的目光引向太空中更加遥远的地方……

再来一段插曲：银河系和岛宇宙

从德谟克利特到康德

我们凭肉眼只能看到6 000多颗恒星。天文望远镜发明以后，人们立刻明白了这只是宇宙中的冰山一角。在伽利略的望远镜中，灰蒙蒙的"银河水"碎裂成了无数的星星。但见得其中"大星光相射，小星闹若沸"，真是密密麻麻，好生热闹。然而，在此之后的一个多世纪内，却始终没有人能对这一现象做出比较深入的说明。为此，让我们再回顾一下，历史上人们是如何看待银河和恒星的本质的。

在古希腊那些卓然超群的学者中，有过一些人，特别是德谟克利特（Democritus，约公元前460—约前370年），曾天才地猜测（请注意：这仅仅是猜测，而并没有什么具体的科学论证）银河是一大片星星构成的"云"。但是，大多数人宁愿相信亚里士多德的想法：银河是地球大气层发光的具体表现。伽利略用望远镜证实了德谟克利特的想法完全正确，但仍未能回答恒星本身又是什么东西，这在很长时间内依然是一个谜。

德谟克利特是古希腊最杰出的自然哲学家，他最为著名的学说是原子理论。他认为一切物质都由极小的微粒——即"原子"构成，原子是不可分割的，世上没有比它更小的东西了。德谟克利特认为原子的外形彼此不同，这可以解释各种物质的不同属性。例如，水的原子平滑呈圆形，因此水才能流动而没有固定的形状。火的原子是多刺的，这就是烧灼令人痛苦的原因。自然界中物质发生明显的变化，是由于结合在一起的原子拆分开来，又以新的形式重新结合所致。原子的运动和变化受到自然规律的支配，而不是服从于神鬼的意志。但是，德谟克利特的观点只是直觉的，因而很容易遭到他人的攻击。与此相反，现代科学则扎根于定量的实验和井然有序的数学推理。

再说15世纪有一位德国的大主教，名叫尼古拉，出生在莱茵兰的库萨，后人常称他为库萨的尼古拉（Nicholas of Cusa，1401—1464年）。他出生在望远镜问世之前两个世纪，他去世时哥白尼尚未来到人间。尼古拉支持阿里斯塔克的地动理论（但他并没有充分的理由去维护自己的这种信念，阐明和论证地动理论乃是哥白尼及其后继者的业绩），还提出恒星乃是远方的太阳，它们的数目可能是无穷的。他甚至想象，每颗恒星附近都可能有栖居着其他智慧生物的世界。这种猜想很可贵，不过当时并没有人重视它；即使对于尼古拉本人而言，这毕竟也只是猜测罢了。

被罗马教廷活活烧死的布鲁诺，生前也曾提出天上的恒星都是宇宙中的太阳。不过在当时，甚至连伽利略和开普勒都不敢赞同这个意见。比他们晚半个多世纪的荷兰天文学家和物理学家惠更斯（Christiaan Huygens，1629—1695年）正确地阐发了布鲁诺的见解。他假定天狼星与太阳一般亮，由此估算出天狼星要比太阳远27 000倍，这比实际情况约小了20倍。惠更斯的误差来源于他的假定，因为天狼星实际上要比太阳亮得多，而它竟然显得如此暗弱，那么它的实际距离必定还要远得多。读者当记得，在"恒星终于被征服了"一节中已经谈到，哈雷也进行过类似的比较，结果是天狼星比太阳远120 000倍。

一旦明白了恒星是远方的太阳，便有一些敢想敢干的人开始研究它们在太空中的分布状况。在这方面有几位值得称道的先驱者各自独立地得出了相同的结论：天上众多的恒星组成了一个虽然极其庞大、但是范围终究有限的宏伟体系。他们是英国天文学家赖特（Thomas Wright，1711—1786年）、德国大哲学家康德（Immanuel Kant，1724—1804年）、德国数学家和物理学家朗白尔（Johann Heinrich Lambert，1728—1777年）。此外，瑞典学者斯维登堡（Emanuel Swedenborg，1688—1772年）在其《自然的法则》一书中也发表过类似的见解。

赖特是一位木匠的儿子，几乎没有上过学。当他对天文学产生兴趣，并开始狂热地学习时，父亲却认为那毫无意义，甚至把他的书都烧了。后来他离开家乡，在动荡的生活中研究航海学和天文学，并开始讲授这些课程。赖特首先于1750年从理论上解释了银河这道环抱天穹的亮圈是怎么一回事。他设想天上所有的恒星组成了一个扁平的透镜状集团，其形状很像一个车轮或一张薄饼，太阳便是这个集团的一名成员。他指出，我们地球所处的位置正好导致这样一种情况：沿着这块"透镜"的短轴观看，我们只能看见较少的恒星，在它们的后面便是黑暗的空间；如果我们沿着长轴看去，则将看到大量的恒星逐渐消融到一片发亮的烟霾中去，这片烟霾便是银河，它挡住了更加遥远的黑暗空间（图40）。总的来说，这种见解与今天的看法相当一致。

图40　从人马座到仙后座的银河片段

康德又将这种想法推进了一步。1755年，31岁的康德在《自然通史和天体论》一书中提出：如果我们的恒星系统是包括银河在内的有限的孤立集团，那么远离银河的空间内必定还有别的孤岛般的恒星系统。他做了这样的说明：如果从十分遥远的地方观看我们这个银河恒星系统，那么它必定很像一个黯淡的圆轮，与那时用望远镜观看到天空中的一些云雾状小斑块（即"星云"）非常相似。不过，康德的思想超越他的时代已经很远，他自己和别人暂时都不能证明这种想法的是与否。

康德一生著述丰富，1788年64岁时，他出版了哲学名著《实践理性批判》，其中有一句非常出名的话："世界上有两件东西能够深深地震撼人们的心灵，一件是我们心中崇高的道德准则，另一件是我们头顶上灿烂的星空。"两个多世纪过去了，每当人们重新诵读这段名言时，都会有一种纯洁高尚的情感从心底油然升起。

总之，到18世纪中叶，已经有几位思想家用类比推理的方法意识到这样一个基本事实：包括整个银河在内的所有恒星组成了一个伸展范围巨大但是仍然有限的系统，在它之外还存在着别的同样巨大而有限的恒星系统。

后来，英国德裔天文学家威廉·赫歇尔（William Herschel，1738—1822年）终于在恒星系统的研究方面迈出了关键性的一步（图41）。

图41　英国天文学家威廉·赫歇尔，他被后人尊称为"恒星天文学之父"

银河系的真正发现

威廉·赫歇尔出生在德国的汉诺威城，父亲是一名乐师。在兄弟姐妹6人中，威廉排行第三。他和父亲一样有音乐才华，15岁起就在军乐队里当乐手，志向是当作曲家。对于乐音的研究，使他对数学发生了兴趣。接着，他又对光学感兴趣了，并由此产生了用望远镜窥视宇宙的强烈欲望。此外，他对语言也非常爱好。

1756年，欧洲历史上著名的七年战争来临。战争的起因是英国与法国争夺殖民地以及普鲁士与奥地利争夺中欧霸权，结局是普鲁士战胜奥地利，成为欧洲大陆的新兴强国，英国战胜法国，获得法属北美殖民地，并确立了英帝国在印度的优势地位。威廉·赫歇尔厌恶战争，遂设法于1757年脱离军队，偷渡到英国，先是在利兹，后来又到了英格兰西南部的游览胜地巴斯。音乐天赋帮助威廉在巴斯站住了脚。到1766年，他已经成为当地著名的风琴手兼音乐教师，每周指导的学生多达35名。

威廉·赫歇尔对天文学的兴趣与日俱增。1773年，他用买来的透镜造出了自己的第一架折射望远镜，焦距1.2米，可放大40倍。接着，他又造了一架9米多长的折射望远镜，并且租了一架反射望远镜来进行对比，结果对后者更为满意。从此，他就潜心于研制反射望远镜了。经过无数次的尝试和挫折，他终于成了制造天文望远镜的一代宗师。他一生磨制的反射镜面达400块以上，最后还建成一架口径1.22米，镜筒长12米的大型金属镜面反射望远镜（图42），这在200多年前实在是一宗令人惊叹的伟大业绩。

图42　赫歇尔最大的那架反射望远镜，口径1.22米，长达12米。历史图片，作者佚名

　　威廉有个比他小12岁的妹妹，叫卡罗琳·赫歇尔（Caroline Lucretia Herschel，1750—1848年），在兄弟姐妹中排行第五。1772年，威廉从英国巴斯回到德国故乡汉诺威待了一段时间，然后卡罗琳便随他到了巴斯。卡罗琳终身未嫁，一辈子忠实地当着哥哥的助手。她那详尽而从不间断的日记，记录了威廉整整50年的工作史，其中谈到当威廉因磨镜工作紧张得放不下双手的时候，卡罗琳就亲自喂年长的哥哥一口一口地进食的动人情景。他们兄妹两人都很长寿，威廉80岁后还在观测天空，卡罗琳则一直工作到90多岁。她干得很出色，最终也成为一位颇有声望的天文学家。

威廉·赫歇尔是天文学史上的一位巨人。他破天荒地发现了太阳系中的一颗新行星——天王星。在此之前，人们一直以为土星代表了太阳系的边界，天王星的发现则使人们所认识的太阳系的直径陡然增加了一倍。这件事在社会公众中激起的热情经久不息，以至于1/3个世纪之后英国著名诗人济慈（John Keats，1795—1821年）还写下了这样的诗句：

> 于是我感到宛如一个瞭望天空的人，
> 正看见一颗新的行星映入他的眼帘。

以此来表达一种极度欢快惊喜的心情。在太阳系内，赫歇尔还发现了土星的两颗卫星和天王星的两颗卫星。

国王乔治三世为威廉·赫歇尔的成就感到高兴，便任命他为御用天文学家。从此，威廉就不必再靠音乐谋生，而可以专心致力于天文研究了。1782年下半年，威廉应国王邀请，从巴斯移居位于伦敦西面、温莎东侧的白金汉郡达切特，1786年4月又移居温莎北面不远处的白金汉郡斯劳。他建造口径1.22米的大型望远镜的梦想，正是在斯劳实现的。这架望远镜是18世纪天文望远镜的顶峰，随时都会来人瞻仰，国王乔治三世和外国的天文学家就是常客。威廉将国王给他的津贴全部用于维护保养望远镜以及支付工人的工资，他的经济状况依然拮据。直到1788年50岁时娶了一位有钱的寡妇，情况方始彻底改观。

威廉最伟大的科学成就属于恒星天文学的范畴，因此人们公正地将他赞誉为近代"恒星天文学之父"。他首创了大规模的双星研究工作；观测、记录和研究了大量的"星团"和"星云"。他于1783年巧妙地发现了太阳也有自行，论证了太阳正以17.5千米/秒的速度朝着武仙座的方向前进。他说道："我们无权假设太阳是静止的，这正和我们不应否认地球的周日运动一样。"这样，赫歇尔就比哥白尼又前进了一大步。哥白尼否定地球是宇宙的中心，却又用太阳代替了它。而根据赫歇尔的发现，人们就会很自然地得出结论：太阳也不是宇宙的中心；也许，整个宇宙根本就没有中心吧？

赫歇尔希望明了"宇宙的结构"——其实用今天的话来说，他所了解的还只是"银河系的结构"而已。他采用的方法是，用他那些第一流的望远镜朝着天空的各个方向观测，并且一颗一颗地数出在各个方向上所能看到的星数。显然，如果要在望远镜中看到全天的恒星并数出全部的数目，那么工作量就会大得根本无法完成。于是，赫歇尔挑选了683个较小的区域，它们散布在英国可见的整个天空中。从1784年起，他开始进行恒星计数工作。在1 083次的观测中，他一共数出了117 600颗恒星。他发现越靠近银河，每单位面积天空中的恒星数目便越多，银河平面内的星星最多，在垂直于银河平面的方向上星星最少。这与赖特的理论正相符合。

正是通过这样的计数工作，赫歇尔确定了我们置身于其中的这个庞大恒星系统的外貌：它确实大致呈透镜状，其直径大致为太阳到天狼星距离的850倍，厚度则为太阳到天狼星距离的150倍。当然，那时对于天狼星本身的实际距离尚一无所知。后来弄清，赫歇尔的这些数字仍比真实情况小了许多。

由于这个庞大恒星系统的大部分星星都位于银河中，因此人们便将这透镜状的整个系统称作"银河系"了。可以说，赫歇尔是第一个真正发现银河系的人，是他首先大致确定了这个星系的形状、大小以及其中的星数。他根据实际计数的结果推测，银河系中恒星的总数也许有若干亿，但比起如今我们所知道的，这又是一个太小的数字。

20世纪初，荷兰天文学家卡普坦提议，应该在现代天文学的基础上重新进行恒星计数工作，并根据在各个方向上求得的星数来确定银河系的形状。为了使工作量不至于大得无法胜任，卡普坦决定在天空中选取一些天区，仅在这些"选区"中进行恒星计数。1906年，他提出了大致均匀分布在天空中的206个选区，由全世界许多天文台协同工作，中国上海的佘山天文台也参与其中。这时人们已经知道一些近星的距离，又有了赫歇尔时代尚不具备的天文照相技术，因此计数结果比赫歇尔有了很大改进。1922年，即卡普坦临终的那一年，他已能据此提出一种银河系的模型，其样式与赫歇尔的颇为相似，只是尺度要比赫歇尔的模型大得多：银河系的直径大约是40 000光年，厚度约7 500光年，太阳大致就在这个恒星系统的中央。然而，这个数字依然太保守。

如今我们知道银河系的形状大致如图43。它由2 000多亿颗恒星组成，外形宛如乐队中用的大钹，中央鼓起的部分叫核球，四周扁薄的部分叫银盘。整个银河系的直径在10万光年上下，太阳大致位于它的对称平面上，离开银河系中心大约2.7万光年。人类自己身处银河系中观看银河系内的星星，宛如一个躲在巨钹中的人在环视这个巨钹的四周边沿。这个巨钹内的人只能看见有一个完整的环带围绕着自己，而无法直接看出它的全貌。这正是："不识庐山真面目，只缘身在此山中。"

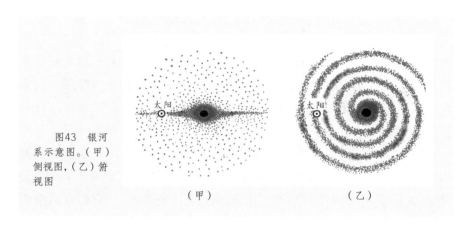

图43 银河系示意图。(甲)侧视图，(乙)俯视图

（甲）   （乙）

人们是怎样确定银河系大小的呢？这也是测定天体距离方面的一个重要课题，我们在后面还要继续谈论它。现在，让我们先把眼光放得更远一些，来看看银河系以外的广阔天地吧。

宇宙中的"岛屿"

公元10世纪的阿拉伯人已经发现，在南半球，用肉眼就可以清晰地看到，天空中有一大一小两块云雾似的弥漫状天体。现代天文学家用望远镜拍摄它们的照片，如图44所示。

在历史上，第一次准确地描绘它们的形象，是参加葡萄牙探险家麦哲伦环球航行的船员们。1519年8月10日，麦哲伦率领一支探险队分乘5艘船出发远航，进行人类历史上的首次环球航行。他的船队自欧洲横渡大西洋，沿着南美洲的东海岸一直向南前行。当最后驶入

图44　用天文望远镜拍摄的照片。大麦云（中左）和小麦云（中右）

美洲最南端的一个海峡时，水手们发现有两块云一般的东西高悬于头顶之上。在长达3年之久的航行中，麦哲伦的船队损失了4艘船，他本人也在航行到菲律宾的时候，同当地的土著发生争执而被杀害。1522年9月8日，仅剩的最后一艘船"维多利亚号"终于返回西班牙。回到欧洲后，水手们公布了关于天上那"两块云"的发现。后来，人们就把这两块"星云"按其大小分别称为"大麦哲伦星云"和"小麦哲伦星云"。在汉语中也常简称为"大麦云"和"小麦云"，它们在星空中的位置如图45所示。当初船队经过的那个海峡，后来就称为麦哲伦海

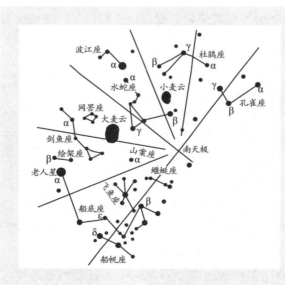

图45　大麦云和小麦云在星空中的位置

峡。在穿越海峡时，麦哲伦他们正好遇上一场暴风雨，船队处境十分险恶。可是穿过海峡后，眼前却突然出现了一片宁静的大洋，因此他们称它为"太平洋"。虽然这个名字一直沿用至今，但实际上太平洋丝毫也不比大西洋更安宁。

大麦云位于剑鱼座和山案座交界的地方，小麦云位于杜鹃座内。威廉·赫歇尔的儿子约翰·赫歇尔（John Frederick William Herschel，1792—1871年）曾于1834—1837年在南非好望角附近进行了3年天文观测，他在那儿特别仔细地观测了大小麦云，发现在这些"云"内包含着极为丰富的内容。他在大麦云里识别了919个不同的天体，在小麦云里则识别了244个。约翰·赫歇尔断定它们乃是"南半球特有的一种恒星系统"。事实上，用今天的巨型天文望远镜很容易将大小麦云中的个别星体更清晰地分解开来，由此可见它们确实像银河系那样，是由许许多多恒星聚集在一起而构成的庞大的恒星系统。

在广阔无涯的宇宙空间中，像银河系和大小麦云这样的恒星系统真是太多了。康德曾将它们比拟为漂泊在无限宇宙中的"岛屿"，把它们叫作"岛宇宙"。在现代天文学中，因为它们都在银河系以外，所以正规的名称叫作"河外星系"，通常也简称为"星系"。今天我们已经清楚地知道，在星系世界中，大小麦云乃是银河系的近邻。大麦云离我们"只有"16万光年，小麦云离我们19万光年。

读者也许要问：在"16万光年"这样巨大的数字前面，为什么还要加上"只有"这样的词呢？这是因为，迄今为止所发现的数以百亿计的河外星系中，像大小麦云距离我们这么近的确实为数极少。距离我们100万光年以内的星系总共不过十来个而已；而那些遥远的星系，则往往要以10亿光年来计量它们的距离。

我们还必须提一下仙女座大星云。在伽利略发明天文望远镜之后仅仅3年，一位德国天文学家西蒙·马里乌斯（Simon Marius，1573—1624年），于1612年12月15日通过自己的望远镜看到，仙女座中有一颗"恒星"有些异样。它不像别的星星那样呈现为一个明锐的光点，而是一小块雾状的亮斑，活像"透过一个灯笼的角质小窗看到的烛焰"。后来，人们将它称为"仙女座大星云"（图46）。事实上，仙女座大星云是人类仅用肉眼就能看到的最遥远的天体，但是直到三个多世纪之后，人们才真正弄明白这一点。

图46　美丽的仙女座大星云，今称"仙女座星系"或"仙女星系"

西蒙·马里乌斯是一个拉丁化的名字——使用拉丁化的名字是当时学者们的时尚，他的德国真名是西蒙·迈尔（Simon Mayr）。他曾在第谷门下学习天文，随后又在意大利学医。他几乎与伽利略同时独立发现了

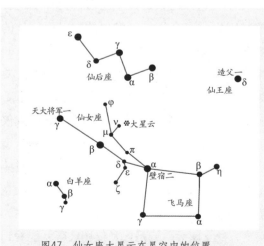

图47　仙女座大星云在星空中的位置

木星的4颗卫星，并将它们命名为伊俄（Io，即木卫一）、欧罗巴（Europa，即木卫二）、加尼梅德（Ganymede，即木卫三）和卡列斯托（Callisto，即木卫四），这些名字一直沿用到了今天。

仙女座大星云在星空中的位置如图47所示。在无月的晴夜，具

有正常目力的人，用肉眼即可勉强看出它是一个暗弱的光斑。康德早就猜想，它是如同我们自己的这个恒星系统——银河系那样的巨大恒星集团，只是因为距离实在太遥远，才使它看起来模糊不清。

近代天文学的进步证实了康德的想法完全正确。就像大麦云和小麦云那样，现代那些威力惊人的巨型天文望远镜也将仙女座大星云分解成了一个个星星点点。事实上，除了大小麦云以外，仙女座大星云乃是唯一可以用肉眼直接看见的星系，它由不下3 000亿颗恒星组成。仙女座大星云的大小和模样，恰好都与我们的银河系十分相似，因此看到它就仿佛是看到了我们银河系的肖像。仙女座大星云离我们达220万光年之遥，但它仍然是银河系的邻居，比它更遥远成百上千倍的星系实在是多得不可胜数。

然而，如此遥远的河外星系的距离又是怎样知道的呢？

我们在下面介绍如何用"造父视差法"推算遥远恒星的距离、并确定银河系的大小时，测定星系距离的问题也就得到了相应的回答。

通向遥远恒星的第二级阶梯

聋哑少年和造父变星

恒星自行的发现，彻底清除了恒星"永世不变"这样一种静止僵化的观念。另一方面，恒星这个词，原先也包含着其亮度一成不变的意思。随着近代天文学的发展，这种偏见最终也烟消云散了。

古人很早就注意到一种罕见的天象：天空中突然会冒出一颗"新的"星星来。其实，这种所谓的"新星"并不是新诞生的恒星，相反，它们倒是恒星年老的象征。一个世纪以来，研究恒星如何度过其一生，即恒星如何"生长老死"（更科学的说法叫作恒星的演化）取得了巨大的进展，人们才明白了这一点。

实际上，新星本来是一些暗弱的星星，往常人们看不见它；或者，它隐匿在满天繁星之间而未惹人注意。但是，忽然间它爆发了，抛射出大量物质，这时它的亮度突然增大成百上千倍乃至几百万倍，平均说来约增亮11个星等，即几万倍。于是，人们发现了它，以为在那儿突然出现了一颗新的恒星，"新星"这个名称正是这样来的。

爆发规模比新星更大的另一类恒星，被称之为"超新星"。它们爆发时可以增亮17个星等以上，即增亮千万倍乃至上亿倍。超新星是恒星世界中已知的最激烈的爆发过程。它爆发时放出的能量，可抵得上千万个到百亿个太阳的能量；也就是说，一颗爆发中的超新星的发光能力几乎可以与整个星系相当。当然，超新星现象要比新星更为罕见。

我国有着世界上最早的新星记录。《汉书》上的汉武帝"元光元年六月客星见于房"，是世界上第一条有关新星的文献记载。"客星"指新星，有时也指超新星、彗星，好像天空中突然来了一位不速之客；"房"指房宿，是二十八宿之一；这颗新星出现的时间是汉武帝元光元年，即公元前134年。

毫无疑问，新星和超新星一定增添了古代人研究星空的兴趣。利用新星和超新星测定星系的距离颇有妙处，后文中还会谈到这一点。除此而外，在长达几十个世纪的岁月中，似乎没有哪一位天文学家想到满天恒星的亮度还会有什么变化。

直到公元1596年，才有一位德国人法布里修斯（David Fabricius，1564—1617年）明确地认识了第一颗"变星"。变星，通常是指那些在不太长的时间（例如几小时到几年）内亮度便有可察觉的变化（例如几分之一个星等到几个星等）的恒星。

这位法布里修斯是第谷和开普勒的朋友，是最先使用望远镜从事天文研究的人之一。不过，他发现第一颗变星却是在望远镜发明之前的事情。1596年10月，他注意到鲸鱼座里原先有一颗3等星变得看不见了。这颗星在中国古代名叫"刍藁①增二"，国际通用的名字是鲸鱼o（希腊字母o读作奥米克戎）。后来，这颗星又重新出现了。人们最终发现它的亮度变化是周期性的，周期是334天。半个世纪之后，波兰天文学家赫维留斯（Johannes Hevelius，1611—1687年）又给它取了个名字叫"米拉"（Mira），意思是"奇怪"，因此直到今天人们还称它为"鲸鱼怪星"。它的发现者法布里修斯是一位新教牧师，他是一个不幸的人，于1617年被他的一个教区居民谋杀身亡，此人是个贼，法布里修斯曾吓唬着要揭发他。

第二颗变星是英仙β，中名大陵五。也许，阿拉伯人早已发现它的亮度明显地起伏波动，所以他们称它为"阿尔戈尔"（Algol）。在阿拉伯语中，这词的意思是"变幻莫测的神灵"，因此大陵五有时也叫作"魔星"（图48）。在1670年和1733年都有人注意到它的亮度变化，然而却一直没人对它进行系统的观测。

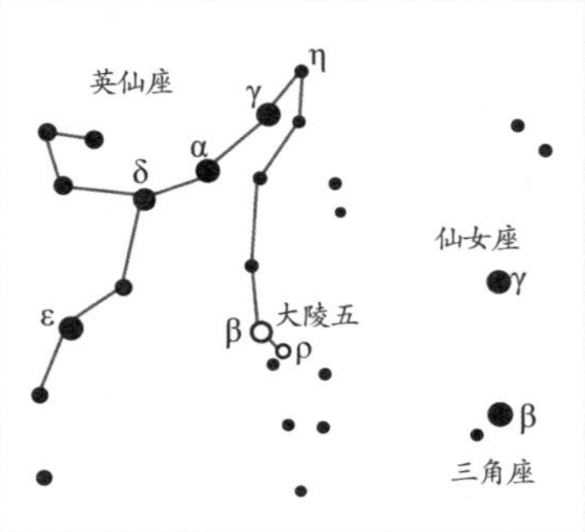

图48 "魔星"大陵五在星空中的位置

现在，我们的主角出场了。

---

① 刍藁：chúgǎo。

英国荷兰裔业余天文学家古德里克（John Goodricke，1764—1786年）是一个很不平凡的人，他自幼聋哑，只活了22岁，竟然还做出了这项第一流的发现。1782年11月12日夜晚，古德里克观测到大陵五逐渐暗了下去，并发现当它的亮度下降到正常亮度的1/3时，又重新亮了起来，直至复原。面对这种奇怪的现象，这位当时才18岁的少年毫不张皇，他沉着地提出：一定是另有一颗暗得看不见的星星陪伴着大陵五，就像发生日食那样，由于它周期性的遮掩，使得大陵五的亮度有了周期性的变化。事实证明，古德里克这种大胆的设想是正确的。天文学家们后来又发现许多同样类型的变星，便将它们统称为食变星或大陵型变星。

接下去，还是这位聋哑少年古德里克，又发现了两颗新的变星：仙王δ星和天琴β星。直到1844年，人们认识的变星还只有6颗。然而，以后的发展却很快，20世纪后期所知的变星已经数以万计。

仙王δ星，中国古星名"造父一"。造父是西周时代人，是驾驶马车的能手。周穆王西巡狩猎，就由造父驾驭马车。另外还有一位王良，是春秋时代晋国人，也善于驾车。后来，"王良"也和"造父"一样，被用来作为星官的名字。我们根据图49，不难在天空中找到造父一：首

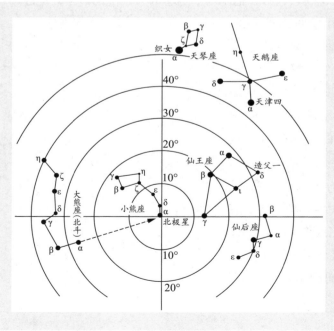

图49 北极星附近的星空和造父一的位置。图中的数字10°，20°……代表相应的圆圈离北天极的度数

先找到大熊座的北斗七星是很容易的事情，然后沿大熊β到大熊α的方向延长5倍左右就遇到了北极星（小熊α）；在北极星的另一侧，仙王（座）与仙后（座）并列；仙后座的5颗亮星组成一个W型，极易辨认；旁边的仙王座也不难找到，造父一就在它的一个角上。图中同心圆上的数字10°，20°……代表这些圈离开北极星（严格地说是离开北天极）的度数。

古德里克发现仙王δ星是一颗变星时才20岁。图50是造父一的亮度随着时间变化的情况，这种曲线名叫"光变曲线"。可以看出，造父一最亮时是3.6等，最暗时是4.3等，亮度的变化达到1.9倍。它从最暗变到最亮、又回复到最暗所需的时间，叫作它的"光变周期"。古德里克确定造父一的光变周期是5.37天，这是一个十分准确的数字。

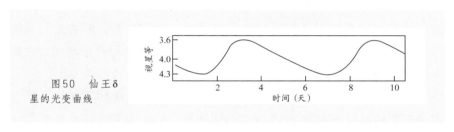

图50　仙王δ星的光变曲线

凡是亮度变化的方式与造父一相类似的，也就是光变曲线与造父一的光变曲线相似的变星，都称为"仙王δ型变星"，或称为"第一类造父变星"，有时也直接简称为"造父变星"。它们的光变周期多数在3～50天之间，而以5～6天的为最多。后来查明，造成这类变星光变的原因乃是整个星体在脉动。换句话说，它们的半径在时大时小地变化，整个星体在一胀一缩，有人戏谑地将这比作恒星在喘着粗气。

人们发现的造父变星数目与日俱增。有些造父变星的视亮度比其他造父变星亮，有的则是光变周期特别长。它们之间似乎并没有什么明显的联系。这并不奇怪，因为视亮度与恒星的距离远近以及发光能力两个因素都有关系。假如能把所有的造父变星统统移到同样的距离上再做比较，这时它们的亮度与光变周期是否会表现出某种规律性呢？例如，"体格强壮、容光焕发"的那些造父变星，会不会"气喘"得不那么匆促呢？发光能力强（即绝对星等数值较小）的变星，光变周期会不会也长一些？

假如能测出这些造父变星的视差（无论是三角视差还是分光视差都行），我们便可以由它们的视星等推算出绝对星等，并进而研究绝对星等同光变周期之间究竟有没有什么联系。遗憾的是，没有一颗造父变星离我们近得足以测出它的三角视差。离我们最近的造父变星是北极星，就连它的距离也已经超出三角视差法力所能及的范围。同时，造父变星的光谱也与寻常恒星的光谱不一般，所以分光视差法对它们也不适用。

事情的转折点，是在1912年。

一根新的测量标杆

1902年，34岁的美国人亨利埃塔·斯旺·勒维特（Henrietta Swan Leavitt，1868—1921年）到哈佛学院天文台工作。1912年，勒维特在哈佛大学设于南美洲秘鲁阿雷基帕的一座天文台研究大小麦哲伦星云。她观测了小麦云里的25颗造父变星，一一记录下它们的光变周期（约2～120天）和视星等（12.5～15.5等）。结果，她惊喜地发现：光变周期越长的造父变星亮度也越大，非常有规律。

这件事具有非常重要的意义。小麦云离我们远达19万光年（尽管当时还不知道这个数字），与这个距离相比，它本身的尺度可以说是很小的。因此可以认为，小麦云里所有的恒星，包括这些造父变星在内，距离我们大体上都一样远。这就好比每一个住在上海的人，不论他住在哪一幢房子里，到北京的距离大致都是一样的。根据同样的理由，可以说在小麦云中，离我们最远的那颗星也并不比离我们最近的那颗星远多少。换句话说，勒维特已经把这些造父变星都"放到了"同样的距离上（尽管当时并不知道这个距离究竟是多远），进行比较的结果是：亮度越大的，光变周期就越长。图51画出了大麦云和小麦云内的造父变星的"视星等-光变周期"关系图，根据上面谈的理由容易理解，它其实也反映了光变周期与绝对星等之间的某种联系，即光变周期与光度之间的关系。

在银河系内，这种关系被某些因素掩盖了，因为一颗光度低、周期短的造父变星可能离我们很近，以至于它看起来比一颗光度高、周期长但是距离却很远的造父变星显得更亮。但是在大小麦哲伦云内，所有的恒星到我们的距离几乎都相同，因而避免了会引起混淆的因素。

这样，天文学家就获得了一根测量造父变星距离的相对标杆：只要

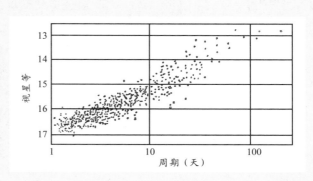

图51　大麦云和小麦云中造父变星的"视星等－光变周期"关系图

　　两颗造父变星具有相同的光变周期，它们也就有相同的绝对星等，即光度相同。又倘若这两颗星的视星等并不相同，那么，由于光源视亮度与它到观测者的距离平方成反比，就可知道视亮度较大的距离就较近，视亮度较暗的距离就较远。假如，造父变星甲与造父变星乙的光变周期相同，而甲的视亮度为乙的9倍，那么就可以知道乙同我们的距离是甲的3倍。于是，只要能定出任何一颗造父变星的距离或者绝对星等，那就可以推算出其他所有造父变星的距离了。换句话说，只要确定一颗造父变星的绝对星等，我们就可以将图51中的纵坐标由视星等换算成绝对星等。

　　用绝对星等做纵坐标、光变周期做横坐标，作出的图叫作"周光关系"曲线。现在的问题是绝对星等的"原点"，即绝对星等数为零的这一点，应该在纵坐标轴上的什么地方。这是天文学中一个很有名的问题，叫作确定造父变星周光关系的零点。

　　既然任何一颗造父变星的距离都无法直接测量，人们便只好走一条迂回的道路。这要用到银河系内的造父变星，它们具有可以测量出来的自行。前文在讲述测定天鹅61星和半人马α星的距离时已经谈到，平均说来，离我们越近的恒星自行应该越大，越远的恒星自行显得越小。天文学家们先测量出某一群造父变星的自行，然后利用某种统计学的方法，获得它们近似的平均距离。具体的做法比较繁复，这里就不详谈了。总之，人们用统计方法定出一群造父变星的平均距离后，就可以进而确定它们的绝对星等，这样，周光关系的零点也就有了着落。最后，终于有了如图52那样的造父变星周光关系图。

　　这是一根新的标准量尺。我们举一个例子来说明，如何用它求出

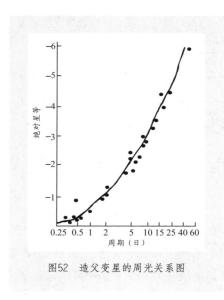

图52　造父变星的周光关系图

遥远造父变星的距离。例如，有一颗造父变星，由直接观测知道它的视星等为16等，光变周期是10天。我们沿着后文图54中的虚线可以查出它的绝对星等是-4等。那么，试问：它处于多远的地方才会暗成如我们所见的16等星呢？

16等星与-4等相比，要差20个星等，这相当于亮度相差1亿倍。相应地，它的距离就要比10秒差距远1万倍，因此它离我们有10万秒差距，即326 000光年那么远。用三角视差法和分光视差法是不可能测量如此遥远的距离的。

这样求出的恒星视差叫"造父视差"。可以说，它是继分光视差之后进一步通向更遥远恒星的又一级阶梯。它不仅能获得相当准确的结果，而且还能可靠地测定球状星团和河外星系的距离。因此，造父变星荣获了"示距天体"和"量天尺"的美名。

球状星团和银河系的大小

银河系的大小是将造父视差法应用于球状星团而定出的。

在茫茫太空中，恒星的"群居"乃是一种很普遍的现象。前面我们已经谈到过双星，它的两颗子星在万有引力作用之下互相绕转不已。如果是3颗星这样聚集在一起，它们就组成了"三合星"，半人马α双星加上比邻星便是这样一个三合星系统。同样还有四合星、五合星，如此等等。不过，通常当3颗以上到10来颗恒星聚集在一起时，我们又将它们称作"聚星"。更多的星星"抱成一团"时，便形成了"星团"。

星团可以分为球状星团和疏散星团两种。疏散星团中包含的恒星从几十颗至1 000颗以上，其中的成员星彼此相距较远，一般容易用望远镜将它们分解为单个的恒星。至20世纪末，共计已经发现1 000多个疏散星团。因为疏散星团大多位于银河带附近，所以又称为银河星团。

球状星团由成千上万乃至几十万、上百万颗恒星聚集而成，整个星团形成一个庞大的圆球，其直径从几十光年到四五百光年不等。在球状星团内恒星非常密集，平均密度要比太阳附近恒星分布的密度大50倍光景。在球状星团中心，恒星分布的密度更是大到太阳附近恒星密度的千倍以上。迄20世纪末，在银河系中发现的球状星团约有150个，估计在整个银河系中这样的星团也许有500个左右。

第一个球状星团是恒星天文学之父威廉·赫歇尔发现的。他的观测纠正了康德认为天上所有的云雾状斑块——当时统称为"星云"——都是"岛宇宙"的看法。比康德晚出生6年的法国天文学家梅西叶（Charles Messier，1730—1817年）首先编出了一份包含有103个貌似云雾状斑块的天体表。

在法国，梅西叶第一个看到了哈雷彗星1758年那一次著名的回归，这激励他成为一位执着的彗星搜索者。然而，他在搜索的过程中却经常将那些星云与彗星相混淆。于是，他决定将自己观测到的星云列成一个表，"猎彗者"们就不会再受它们的捉弄了。倘若在天空中看到了一颗疑似的彗星，那么首先就应该拿梅西叶的表来检验一下，然后再宣布究竟发现了什么东西。此后，人们就用梅西叶表中的编号来称呼这些天体，例如M1，M2，M3……这里，M便是梅西叶姓氏的第一个字母。在梅西叶表中，仙女座大星云（现代更正确的名称是"仙女座星系"或"仙女星系"）列为第31号，故又名M31。赫歇尔用威力更大的望远镜观测到更多的这类天体，发现梅西叶表中的某些星云其实是由一大群暗星密集而成的。例如，早在1714年哈雷已曾注意过的M13，便是这样一个巨大的星团，也许含有上百万颗恒星。它位于武仙座中，因此人们称它为武仙座大星团——银河系内的一个巨大的球状星团（图53）。

球状星团里有许多变星。例如，20世纪80年代初，人们累计已在银河系内的96个球状星团中发现了2 000多颗变星，其中大部分是"天琴RR型变星"，其余的则多为"室女W型变星"。天琴RR型变星又叫"短周期造父变星"，其光度变化周期仅为四五小时到一天多。正因为它

图53　球状星团M13，即著名的"武仙座大星团"，其中包含着上百万颗恒星

们常出现于球状星团中，故又称为"星团变星"。室女W型变星又叫"第二类造父变星"，光变周期以10～20天的居多，其典型代表便是室女W星。相应地，仙王δ型变星又称为"第一类造父变星"。天琴RR型变星和室女W型变星也像仙王δ型变星一样，各自存在着确定的周光关系。

在图54中，一并画出了上述三类变星的周光关系。我们可以清楚地看到，天琴RR型变星的绝对星等几乎总是同一个数值：0等左右，因此它们仿佛是太空中一支支标准的蜡烛，或是一盏盏瓦数固定的天灯，我们观测了它的视星等便可推算出它的距离。室女W型变星的周光关系与仙王δ型变星非常相似。但是，第二类造父变星的绝对星等要比具有同样光变周期的第一类造父变星的绝对星等暗1.5～2等。总之，由于所有这些变星的周光关系都相当明确，所以都可以作为我们的"量天尺"和"示距天体"。

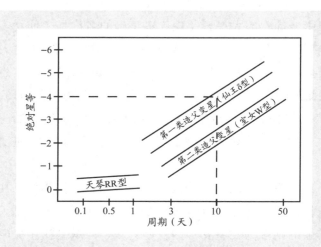

图54　第一类造父变星、第二类造父变星和短周期造父变星的周光关系

球状星团虽大，但是其本身的大小同它到我们这里的距离相比仍然微不足道——其理由和前面说到小麦云时的情况是一样的，因此球状星团内这些"示距天体"所指示的距离便可以看作整个球状星团同我们之间的距离。

求出每个球状星团的距离后，就可以勾画出一幅球状星团在我们银河系内的三维分布图了。结果表明，所有这些球状星团合在一起，又形成了一个更大的球——由一个个球状星团组成的更庞大的集团。它分布在整个银河系中，仿佛勾画出了银河系大致的轮廓。

最先从事这种研究的，是美国天文学家沙普利（Harlow Sharpley，1885—1972年）。沙普利于1913年在罗素指导下取得普林斯顿大学的博士学位，1914年到加利福尼亚州的威尔逊山天文台工作，1921年起长期担任哈佛学院天文台台长，直至1952年。1956年以后他是哈佛大学的名誉教授。

沙普利在威尔逊山天文台发现，当时已知的那些球状星团在天穹上的分布是不均匀的，绝大多数都位于半边天空中，并且有1/3左右集中在只占整个天空面积2%的人马座内。他由此推断：我们所处的太阳系并不像赫歇尔和卡普坦以为的那样位于银河系的中心，而是远离中心、偏向于同人马座方向相反的那一侧。银河系的中心，应该正是由众多球状星团构成的那个庞大球体的中心，它就在人马座的方向上（图55）。沙普利利用造父变星的周光关系来确定当时所知的那些球状星团的距离，于1918年构建了一个新的银河系模型：银河系的形状似透镜，直径约70 000秒差距，厚度约7 000秒差距。这要比卡普坦估算的数值大得多。

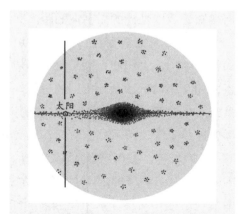

图55　球状星团的不均匀分布，意味着太阳并不在银河系的中心。图中每一小团星代表一个球状星团。显然，从太阳的位置上看，右半边的球状星团比左半边多得多

沙普利的工作战胜了同他尖锐对立的意见，第一次提出

了一幅比较真实地反映银河系大小的图景。就像哥白尼把地球从想象中的宇宙中心赶下台那样，沙普利又把太阳从想象中的银河系中心赶了出去。不过，后来的研究表明，沙普利有点走过头了。他把银河系估计得过高了——银河系并没有他估算的那么大。其原因是他没有考虑到银河系内有许多虽然组成物质很稀薄、但是却非常巨大的"星际尘埃云"，它们阻碍了天文学家的视线。沙普利所研究的一些球状星团被尘埃云所遮蔽，使这些星团中的造父变星看起来显得更暗了，这使人们误以为它们处于更加遥远的地方，结果便是把银河系估计得过大。

如何估计这种"星际消光"造成的影响，这也是一件很麻烦的事情。不过，天文学家们终究还是想法解决了这个问题。修正了星际消光的影响后，推算得到的银河系直径大致为100 000光年。

巡天遥测十亿岛

M31（仙女星系）的视星等是4等左右。全天亮于20等的河外星系约有2 000万个，平均说来在满月那么大小的一块天空上就有100来个。若从最亮的星系开始，一直观测到目前最大的望远镜力所能及的最暗星系（可暗于26等），则总数可达数百亿、甚至上千亿个。然而，我们如何得知这数以亿计的岛宇宙的距离呢？

其实，天文学家在19世纪后期已经发现，有一类星云具有某种旋涡状的结构，它们的光谱与恒星相似，然而却无法分辨出其中的单个恒星，仙女座大星云就是典型的一例。直至20世纪20年代初，这类"旋涡星云"的本质依然是个谜。问题的要害在于它们究竟是银河系内的天体，还是处于银河系外。对此，天文学家发生了持久而激烈的争论。

1917年，美国天文学家乔治·威利斯·里奇（George Willis Ritchey，1864—1945年）从在威尔逊山天文台所拍摄的一张星云照片中发现了一颗新星。这个星云名叫NGC 6949，NGC是1888—1910年出版的《星云星团新总表》（New General Catalogue）的简称，NGC 6949则是该表中编号为6949的天体。同年，另一位美国天文学家柯蒂斯（Heber Doust Curtis，1872—1942年）也在仙女座大星云M31和其他类似的"星云"中发现了新星。

柯蒂斯起初是加利福尼亚州纳帕学院的拉丁语和希腊语教授，在那里他对望远镜发生了兴趣，并由此而涉猎天文学，后来成为天文学教授。到了1918年，柯蒂斯在仙女座大星云M31里发现的新星已经很多，这使他认为必须当真将这个"星云"看作十分遥远而巨大的恒星系统了。因为新星在天空中原是很罕见的，所以除非M31中包含着极其众多的恒星，否则是不会在其中涌现出那么多新星的。可是，这块星云看上去却那么暗，那么小，因此它必定远得出奇。况且，所有这些新星的视亮度都比人们偶然见到的普通新星暗得多，这就又为它们距离遥远增添了一个佐证。柯蒂斯由此估计，M31同我们的距离远达500 000光年。

　　1918年末，地处美国加利福尼亚州的威尔逊山天文台上落成一架新的望远镜，它的反射镜口径达2.54米。在30年之内，它一直是天文望远镜之王。直到1948年，其冠军宝座才让位于那时刚落成的帕洛玛山天文台口径5.08米的反射望远镜。1923—1924年间，美国天文学家哈勃（Edwin Powell Hubble，1889—1953年，图56）借助这架2.54米的反射望远镜，终于在M31的边缘部分分解出大量暗弱的单个恒星。

图56　20世纪最杰出的天文学家哈勃，他被人们尊称为"星系天文学之父"

　　哈勃是一位非常重要的天文学家，他于1910年从芝加哥大学天文学系肄业，前往英国牛津大学攻读法学。1913年哈勃回到美国开过一家律师事务所，但是第二年就前往芝加哥大学叶凯士天文台，做美国天文学家弗罗斯特（Edwin Brant Frost，1866—1935年）的助手和研究生，并于1917年取得博士学位。当时美国天文界的领军人物、威尔逊山天文台台长海尔（George Ellery Hale，1868—1938年）注意到哈勃的天文观测才能，便建议他去威尔逊山天文台工作。但此时第一次世界大战犹酣，哈勃应征入伍，随军赴欧洲服役。他于1919年10月回国后，随即赴威尔逊山与海尔共事，正是那里落成未久的2.54米反射望远镜，为他做出一系列历史性的发现提供了极有利的条件。哈勃史无前例地在几个旋涡星云的外围区域辨认出许多造父变星，并利用周光关系推算出它们的距离，结果毋庸置疑地证明，M31和M33这两个旋涡星云都远远位于银河系以外，它们都是与银河系很相似的庞大恒星集团。当时它们被称为"河外星云"，多年以后又更合理地改称为"河外星系"，或简称为"星系"。

宇宙中的众多星系亦如世界上的众多生物，为了研究就应该对它们分类。首先有效地进行星系分类的也是哈勃：旋涡星系具有旋涡状的结构，中心区域呈透镜状，周围绕有扁平的圆盘，从星系核心部分伸出若干条螺旋状"旋臂"，叠加到圆盘上。椭圆星系呈椭球形或圆球状，中心区域最亮，向边缘亮度逐渐减小。不同椭圆星系的质量差异非常大，质量最小的矮椭圆星系仅与球状星团相仿，大致相当于100万个太阳；质量最大的超巨椭圆星系则可达太阳质量的数万亿倍。不规则星系的外形不规则，也没有明显的核心和旋臂，在全天的亮星系中它们只占5%左右。仙女星系M31和银河系都是旋涡星系，大小麦云则均属不规则星系之列。哈勃描述的星系形态序列表明，众多的星系宛如同一家族中互有联系的成员，从而为人们进入神秘的星系世界提供了一幅导游图。

16世纪的哥白尼使人类认识了太阳系，18世纪的威廉·赫歇尔又使人类认识了银河系，现在哈勃更是将人类的视野引向了无比广阔的星系世界，他因此而被誉为20世纪的哥白尼。1929年，哈勃又做出一项极其重要的发现，即著名的"哈勃定律"，这将在后文"耐人寻味的红移"一节中再详细介绍。

哈勃的一生极具传奇色彩。他英俊魁梧，篮球、网球、橄榄球、跳高、撑竿跳、铅球、链球、拳击、射击等许多体育项目皆成绩不俗。哈勃在晚年颇有希望荣获诺贝尔物理学奖，但是死神突然来临了——他因突发脑血栓而猝死。遵照哈勃的遗愿，没有丧礼，没有追悼会，也没有坟墓，他的骨灰埋葬在一个秘密的地方。

第二次世界大战期间，洛杉矶市一度实行战时灯火管制，从而使威尔逊山附近的夜空分外黑暗，这对天文观测而言真是难得的好机会。1942年，旅美德国天文学家巴德（Walter Baade，1893—1960年）抓住这一时机，使用威尔逊山的2.54米反射望远镜（图57），首先成功地分辨出M31内部

图57　美国
威尔逊山天文台
口径2.54米的反
射望远镜

区域的单颗恒星。巴德是在德国出生的，1919年获格丁根大学博士学位，1931年到美国威尔逊山天文台，后来又到帕洛玛山天文台工作，对天文学做出不少重要贡献。前面谈到的第1566号小行星伊卡鲁斯就是巴德于1948年发现的。1958年，巴德回到德国，两年后在格丁根去世。

当初，哈勃在1924年利用造父变星的周光关系，推断M31的距离要比小麦云远5倍以上。当时认为小麦云离我们约160 000光年，于是M31与我们相距达800 000光年以上。可是1/4个世纪以后，巴德弄清了M31的实际距离比这还要远。因为在相当长一段时间内，人们不知道有第一类造父变星和第二类造父变星之别，所以当初哈勃是将M31中的第一类造父变星与小麦云中的第二类造父变星不加区别地进行比较的。考虑到这一点（以及一些别的因素）后，重新确定的M31的距离是2 200 000光年。

人们由此进一步推断，既然M31和其他星系比过去设想的还要远得多，那么它们必定也要大得多，这样从地球上看去它们才会显得那样亮。我们的银河系并不是一个特大号的星系，而只是普通尺码。例如，M31就比它大。如同哥白尼把地球赶下台、沙普利把太阳赶下台一样，巴德也把我们的银河系从佼佼者的位置上赶下台了。

造父变星是测定一切河外星系距离的出发点。只要在某一个河外星系中发现了造父变星，我们便可以推算出它的距离。然而，有那么多的星系是如此遥远，以至于用世界上最大的天文望远镜也无法看到它里面的最亮的造父变星，这时又该如何处置呢？

正如三角视差法和分光视差法各有自己的"势力范围"一样，造父视差法也有自己的极限。当星系的距离远到约5 000万光年时，就必须采用一些更间接的方法来测量它们的距离了。

就像恒星喜好群居那样，宇宙中的星系也有明显的"抱团"倾向，星系团就是由十几个、几十个乃至成千上万个星系群居在一起组成的集团。星系团中的每一个星系都称为这个星系团的成员星系，各成员星系之间有着力学上的联系（通常就是它们彼此间的万有引力）。目前已发现的星系团数以万计，大多数星系都是各种星系团的成员。

成员星系数目在100以下的、较小的星系团，通常又称为"星系群"。我们银河系身处其中的这个星系群称为"本星系群"，它由银河系、仙女星系等数十个大小不等的星系组成。就像光度和质量大的恒星叫巨星、光度和质量小的恒星叫矮星那样，光度和质量大的星系叫巨星系、光度和质量小的便叫矮星系。又好比恒星有双星、三合星……那样，星系也有双重星系、三重星系等类似的名称。本星系群的几十个成员中有两个是巨星系，它们就是银河系和仙女星系M31。它们各与一些离它们较近的较小星系聚集成银河系"次群"和仙女星系"次群"，我们可以这样来概括本星系群中主要成员星系的组合情况：

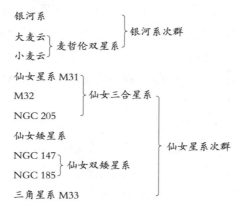

图58是本星系群部分成员的分布示意图。表5列出本星系群之外某些较亮星系的概况，其中也包括它们的距离。

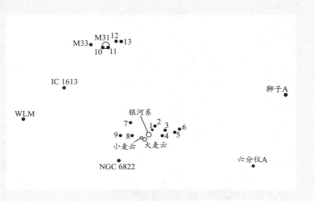

图58 银河系的近邻——本星系群的部分成员。图中数码代表：1.天龙星系 2.小熊星系 3.大熊星系 4.六分仪C 5.狮子Ⅰ 6.狮子Ⅱ 7.飞马星系 8.玉夫星系 9.天炉星系 10.NGC 221 11.NGC 205 12.NGC 185 13.NGC 147

表5 一些较亮星系的概况（不包括本星系群的星系）*

NGC	又名	类型	视星等	视直径（角分）	距离（百万秒差距）	视向速度**（千米/秒）
55		旋涡	8.84	37.15	2.13	129
2403		旋涡	8.80	28.18	3.18	125
3031	M81	旋涡	7.79	28.18	3.63	−38
3034	M82	不规则	9.06	11.48	3.53	183
3115		椭圆	9.87	8.51	9.68	681
4258	M106	旋涡	9.10	18.62	7.83	447
4594	M104	旋涡	8.98	11.75	9.30	1 090
4736	M94	旋涡	8.70	15.14	4.66	308
4826	M64	旋涡	9.30	13.80	4.37	409
5055	M63	旋涡	9.32	16.22	8.99	500
5128	半人马A	椭圆	7.84	34.67	3.75	556
5194	M51	旋涡	8.61	15.85	8.40	446
5236	M83	旋涡	8.20	18.62	4.92	519
5457	M101	旋涡	8.31	30.20	7.38	240
7793		旋涡	9.72	14.13	3.91	227

* 资料来源参见http://vizier.cfa.harvard.edu/viz-bin/VizieR?-source=J/AJ/145/101。

** 视向速度为"+"表示运动方向是离我们而去，"−"表示向我们而来，事实上，除了本星系群中的一些星系正在朝向我们运动而外，较远的星系几乎都在退离我们，而且总的说来，越远的星系退行得越快。详见"耐人寻味的红移"一节。

图59 哈勃空间望远镜拍摄的星系团A370（局部）

在本星系群以外，离我们最近的那个星系团位于室女座内，故称室女星系团。它与我们相距6 000万光年，其成员星系多达2 500个以上。

图59是哈勃空间望远镜拍摄的星系团A370的照片（局部）。除了密密麻麻、形态大小各异的众多星系外，画面右侧那个巨大的圆弧也很引人注目。经过复杂而细致的分析和计算，天文学家断定它其实并非星系团本身的结构，而是一个更遥远的天体受到所谓"引力透镜效应"的影响，从而畸变失真的形象。

有些大的星系团，例如著名的后发星系团，可以有上千个比较明亮的成员。后发星系团位于后发座方向，距离我们约350 000 000光年，它的直径达800万光年左右，包含的星系总数可能超过10 000个。那儿的星系比较密集，各星系间的平均距离大约只有300 000光年，而银河系附近星系的平均距离则差不多为3 000 000光年。

有趣的是，星系团又会聚集成更高一级的集团，称为"超星系团"，或者称为"二级星系团"。本星系群同附近50个以上的星系群和星系团构成的超星系团称为"本超星系团"，其中也包括上面所说的室女星系团。超星系团的外形往往是扁长的，本超星系团的长径大约有1～2亿光年。

人们早就想到：超星系团是否还会进一步聚集形成更高级的"三级""四级"星系团呢？这种想法很吸引人，不过天文观测并未显示出这样的迹象。

下面，让我们继续考察天文学家怎样量出了更加遥远的星系的距离。

欲穷亿年目　更上几层楼

接力棒传给了新星和超新星

征服遥远的天体，量度它们的距离，这犹如一种规模宏大、历程漫长的接力跑。它的起点是人类的老家地球。起跑后的第一棒叫作"三角视差法"，它一直跑到100秒差距开外才把接力棒递给下一位选手"分光视差法"。"分光视差法"在银河系内可算是进退自如，但是拍摄一颗恒星的光谱毕竟要比拍摄一颗恒星本身困难得多，因此即使用目前世界上第一流的巨型天文望远镜，即使对于光度大到绝对星等为0等的恒星，当它远到10万秒差距，即约32万光年时，也就很难获得它的光谱了。这样，分光视差自然也就失去用武之地了。

这时，造父变星接过了接力棒。由于所有的天琴RR型变星绝对星等均为0等左右，因此当它们远达50万秒差距、即约160万光年时，视星等便降到了约24等，更远的天琴RR型变星就更暗了，这已接近目前最大天文望远镜的观测极限。另一方面，由仙王δ型变星的周光关系可知，此类变星中光变周期最长者可亮到绝对星等-6.5等左右，当它们的距离在1 300万秒差距、即约4 000万光年以外时，视星等也降到了约24等；而室女W型变星还不如它亮。因此，"造父视差法"力所能及的范围，大致也就是1 300万秒差距、即约4 000万光年。

很自然地人们会想到，如果能找到发光能力比造父变星更强的某种恒星作为我们的"标准烛光"或"标准灯泡"，那么，即使这些天灯悬浮在太空中更加遥远的地方，也还是能为我们照亮那儿的里程碑。

于是，新星和超新星从造父变星手里接过了接力棒（图60）。天文学家发现，当银河系里的新星爆发达到最亮的时候，它们的绝对星等彼此相差不多，大致都在-5.5～-9.5等的范围内，平均说来约为-7.3

图60 测量天体距离的接力棒传给新星和超新星寓意图

等。因此，如果把所有新星的绝对星等都当作-7.3等的话，那么这与实际情况相比，至多也不过相差2个星等而已，这相当于亮度有6.3倍的误差，而由此推算出来的距离之不确定性则在2.5倍以内。从日常生活的角度来看，测量一个目标的距离如果与实际情况差到2.5倍，那恐怕是很不能令人满意的。但是在天文学中，在没有更好的办法的情况下，这也就算可以了。因为，这样的结果至少能给人一种相当具体的印象：我们关心的目标究竟是在10 000光年、100 000光年、1 000 000光年，还是远在10 000 000光年以外呢？

确定新星距离的实际方法是：当一颗新星出现时，观测其亮度增到极大时的视星等，并假定它的绝对星等就是上面所说的-7.3等，将两者做一比较，立即便可推算出距离。当距离达到1 800万秒差距、即逾5 000万光年时，绝对星等-7.3等的恒星便减暗到视星等约24等。超出这个范围，新星也就很难使上劲儿了。

然而，超新星却比新星强得多。历史上有一颗著名的超新星，中国古籍《宋史·天文志》《宋会要辑稿》等对它有详细的记载：宋仁宗至和元年五月己丑（1054年7月4日），在天关星（即金牛ζ星）附近出现一颗客星，如同金星那样白昼都可以看见，光芒四射，颜色赤白，持续了23天。一直到643天之后的1056年4月6日，它才隐没不见。这颗星如此之亮、出现时间如此之久，足以表明那是一次超新星爆发事件。朝鲜和日本的古籍中也留下了这颗客星的记录，但是正处于中世纪宗教统治黑暗时期的欧洲，却未留下关于它的任何记载。

历史上还有另一些声名显赫的超新星爆发记录。例如，上述"天关客星"出现之后5个世纪，1572年11月11日黄昏，丹麦天文学家第谷发现在仙后座中有一颗前所未见的亮星。他非常详细地观测、记录它的亮度和颜色变化，一直持续到1574年2月。1573年，第谷在《论新星》

一书中详细介绍了自己的观测研究成果。起初，人们将这颗星称为第谷新星，但后来断定它其实是一颗超新星，所以又称其为第谷超新星了。

其实，第谷超新星在中国也有记录。据《明实录》记载，明穆宗隆庆六年十月初三日丙辰（1572年11月8日），东北方出现客星，如弹丸，到十月十九日壬申夜此星呈赤黄色，大如盏，光芒四出。上述发现日期比第谷还早了3天。欧洲也有人比第谷早几天发现这颗星的，只是记述远不如第谷详尽。

超新星是大质量恒星演化到晚年整个星体发生剧烈爆发的现象，爆发时抛出的大量物质迅速向四面八方膨胀，扩散成星云状的超新星遗迹。梅西叶星云表中列为第1号的天体M1——后来称为"蟹状星云"（图61），正好处于1054年天关客星的位置上。1921年，美国天文学家邓肯（John Charles Duncan，1882—1967年）通过光谱观测发现蟹状星云在膨胀。1928年，哈勃测出蟹状星云的膨胀速度，并据此推断它正是1054年超新星爆发的遗迹。1942年，荷兰天文学家奥尔特（Jan Hendrik Oort，1900—1992年）等进一步证实了这一论断。天关客星同蟹状星云的联系，强烈地激发了国际天文界广泛研究中国古代天象记录的兴趣。

图61　"蟹状星云"因外观似蟹而得名，它在梅西叶天体表中列为第一号，故又称M1。蟹状星云位于"天关"（金牛ζ）星附近，距离地球6 500万光年。它是1054年超新星爆发的遗迹，至今仍在继续膨胀中

20世纪70年代以来，对超新星的研究有相当大的进展。超新星可以分成两种类型，Ⅰ型超新星（严格说来是其中的一个子型，即Ia型超新星，详见后文"膨胀的宇宙"一节）爆发的极大光度平均约为绝对星等-19等，比太阳亮40亿倍光景；Ⅱ型超新星爆发的极大光度平均约为绝对星等-17等，比太阳约亮6亿倍。确定超新星距离的方法与新星相同，例如，当一颗Ia型超新星出现时，观测其亮度上升到极大时的视星等，并假定它的绝对星等就是上面所说的-19等，将两者做一比较便可得出距离。容易算出，对于Ia型超新星，测量的距离可超过百亿光年；对Ⅱ型超新星，也可达40亿光年以上。

测定新星和超新星距离的意义不仅在于知道它们本身有多远，而且可以利用它们确定球状星团和河外星系的距离。在任何一个球状星团或河外星系中，只要发现了新星或超新星，那么这些星的距离也就是该星团或星系的距离，这和用造父视差法测定星系距离的道理是一样的。

不过，倘若我们急于测出某个星团或星系的距离，而偏偏并没有新星或超新星出现于其中，那又如何是好呢？

当然，探索大自然奥秘的人决不能守株待兔。在目前的情况下，还可以让亮星来为我们效劳。

亮星也来出一把力

大半个世纪以前，沙普利详尽地研究了球状星团。他根据球状星团成员星向中心密集的程度，将它们分成12个等级：第Ⅰ级的中心密集程度最高，第Ⅻ级的中心密集程度最低。当时有48个球状星团是观测得非常仔细的，沙普利将这每一个星团内的亮星都按亮度大小排了队。他认为，最亮的那些星很有可能并不真正属于星团，而是一些前景星，即位于星团和我们观测者之中途的恒星。于是，他把每个星团中视亮度最亮的5颗星先去掉（无疑，这有相当大的主观随意性）。然后，他发现属于第Ⅰ级的各个球状星团中，第六亮的星平均比天琴RR型变星亮1.77等，它们的绝对星等约为-1.8等，第三十亮的星平均比天琴RR型变星亮1.04等，它们的绝对星等大致为-1等；属于第Ⅻ级的各个星团中，第六亮的星平均比天琴RR型变星亮1.3等，其绝对星等为-1.3等，第三十亮的星平均绝对星等则为-0.7等。从第Ⅱ级到第Ⅺ级的星团，也各有相应的具体数据。于是，即使在一些球状星团中没有出现新星或超新星，而且它们又远得使天文学家无法看到其中的天琴RR型变星，人们也还是可以利用这些亮星来推算它们的距离。例如，有一个待测距离的球状星团，根据其成员星向中心密集的程度来判断，属于沙普利分级方案中的第Ⅰ级，那么我们就可以假设它的第六亮星的绝对星等为-1.8等，第三十亮星的绝对星等为-1等，再同它们的视星等相比较，就不难推算出这个星团的距离了。

对于河外星系，也可以采用类似的办法。在银河系里，最亮的恒星主要是光谱型为O型和B0-B2型的，以及一些所谓的沃尔夫—拉叶星。沃尔夫—拉叶星，是19世纪的法国天文学家沃尔夫（Charles Joseph Etienne Wolf，1827—1918年）和拉叶（Georges Antoine Pons Rayet，1839—1906年）首先于1867年发现的，它们的光谱中具有某种与众不同的鲜明特点，这类星的表面温度在30 000开上下。它们的平均绝对星等约为-7等。于是，天文学家将某些河外星系中的同类恒星的绝对星等也取作-7等，这样就可以根据这类亮星的视星等推算出它们所在星系的距离。由此测到的最远距离大致为1 300万秒差距、即约4 000万光年，与利用新星测量的范围相差不远。

由大小知距离

对于远得无法分辨其中的单个恒星的球状星团或河外星系，天文学家也有办法对付它们。这时，可以根据星团和星系的大小来估计它们的远近。这种方法的立足点，就是众所周知的物体的"近大远小"。

比如太阳和月亮，它们在天空中看起来仿佛一样大，其实太阳的直径却是月亮的390倍。凑巧，太阳恰好又比月亮远了390倍，所以它们的圆面在天空中的视角径便几乎相等，都是32′左右。从地球上看任何一个天体的视角径，总是同该天体与我们的距离成反比。换句话说，如图62，只要我们知道了一个天体真正的线直径D（例如是多少千米或若干光年），又通过观测知道了它的视角径α，那么就可以通过下面这个再简单不过的公式算出它的距离r：

图62 天体的线直径D、视角径α和距离r三者的相互关系

$$r=D/\alpha,$$

反过来，如果我们知道了一个天体的距离r和它的视角径α，那么又可以根据上面这个公式计算出它的真直径D。

人们已经用前面谈到的一些方法（例如利用天琴RR型变星，利用新星或亮星等）求出若干球状星团的距离，并据此从它们的视角径求出真直径。结果发现：球状星团的直径在20～150秒差距之间，平均直径约为80秒差距，即约260光年。倘若我们假定，某个距离未知的球状星团的直径也是80秒差距，那又可以从观测它的视角径推算出它的距离了。

不过，由这种方法得到的结果不会很准确。这是因为：第一，如果一个球状星团的直径其实是20秒差距，而我们却认为它是80秒差距，这样直径就差了4倍，求出的距离也会差到4倍；第二，准确确定球状星团的视角径本身也很困难，因为一个星团中的成员星，越往星团的外围区域就变得越稀疏，到了星团的最外围就很不容易分清楚哪些星属于星团，哪些星不属于星团了。

从视角径求河外星系的距离，原理和方法都和球状星团的情况一样，但问题还要更严重些。由于大星系的直径（可达几万秒差距）要比小星系的直径（仅几千秒差距）大许多倍，因此用平均直径代替每个星系的线直径也就更不可靠了。星系的视角径也不容易定准，它严重地受到拍摄星系照片时的观测条件的制约。

总之，利用这种方法只能粗略地推测星团和星系的距离，但它仍可以同用其他方法求出的距离互相比较、互相校验。

集体的贡献：累积星等

当星团或星系十分遥远时，我们无法分辨其中的单颗恒星，当然也无法用单星来确定它们的距离。这时，除了"从大小知远近"外，还可以利用星团和星系的"累积星等"求出距离。

累积星等代表了把星团或星系中的全部恒星统统加在一起究竟有多亮，这是一种"集体的贡献"。它也可以用视星等和绝对星等来表示。这时，尽管每颗星的光芒已暗不可见，但它们联合起来却仍使整个星团或星系耀然天际。

对于已经求出距离的每个球状星团，当然可以从它们的视星等一一求获绝对星等。结果发现球状星团的平均绝对星等约为-7.4等。如果认为距离尚未知晓的球状星团的平均绝对星等亦为-7.4等，那么又可以反过来，将它与视星等进行比较而推算出距离。利用这一方法，可测出数千万秒差距（上亿光年）远的球状星团及其所在星系的距离。

关于如何求得球状星团距离的方法，我们就介绍到这里为止。表6选列了一些球状星团的大小、距离和视亮度。正如前面已经指出的那样，球状星团其实并没有一个很明锐的边界，因此要确定一个球状星团的直径究竟有多大，实在非常困难。为了克服这种随意性，天文学家们想了一个办法，那就是用"有效半径"来表征球状星团的大小，有效半径的定义是：球状星团在此半径范围内的亮度正好占星团的总亮度之半，因此它又常被称为"半光半径"。表6中的第3列给出的便是球状星团的"有效角半径"。

表6　一些球状星团的视亮度、有效半径和距离 *

NGC	又名	有效半径（角分）	距离（千秒差距）	累积视星等
104	杜鹃47	3.17	4.5	3.95
4590	M68	1.51	10.3	7.84
5024	M53	1.31	17.9	7.61
5139	半人马ω	5.00	5.2	3.68
5272	M3	2.31	10.2	6.19
5904	M5	1.77	7.5	5.65
6121	M4	4.33	2.2	5.63
6205	M13	1.69	7.1	5.78
6218	M12	1.77	4.8	6.70
6266	M62	0.92	6.8	6.45

续表

NGC	又名	有效半径（角分）	距离（千秒差距）	累积视星等
6273	M19	1.32	8.8	6.77
6341	M92	1.02	8.3	6.44
6656	M22	3.36	3.2	5.10
6809	M55	2.83	5.4	6.32
7078	M15	1.00	10.4	6.20

* 表中NGC 104又名杜鹃47，NGC 5139又名半人马ω，人们起初以为它们是单个的恒星。本表资料来源可参见http://physwww.mcmaster.ca/-harris/mwgc.dat。

　　至于不同的星系，累积绝对星等的差异很大。我们在"巡天遥测十亿岛"一节中已经介绍，哈勃按外形的不同将星系分为三大类，即旋涡星系、椭圆星系和不规则星系（图63），各类星系的累积绝对星等情况如表7所示。倘若认为待测距离的那个星系的累积绝对星等，就等于它所属那种类型的星系的平均累积绝对星等，那么再与累积视星等相比较，距离问题便迎刃而解了。

图63　旋涡星系可以分为三种次型，分别称为Sa型、Sb型和Sc型。Sa型（左图）的旋臂缠绕得最紧、Sb型（中图）的旋臂比较舒展，Sc型（右图）的旋臂最为松开

表7　各类星系的累积绝对星等

星系类型	绝对星等范围	平均绝对星等
椭圆星系	−9～−23等	−16等
旋涡星系	−15～−21等	−18等
不规则星系	−13～−18等	−15.5等

当然，因为各类星系绝对星等的范围都扩展得很广，所以这种方法不是很准确。不规则星系和旋涡星系的情况较好，按此测出的距离与实际情况至多不过相差三四倍；椭圆星系则有可能差到二三十倍。

现在读者已经看到，在走向离我们数亿光年甚至数十亿光年的极遥远星系时，人们是如何成功地攻克了一个又一个难关，我们的接力跑如何一棒又一棒地往下传。如今，我们依然在这条通往百亿光年之外的崎岖道路上，步履艰难却又坚定不移地一步步前进着。古人有言："欲穷千里目，更上一层楼。"在我们这里却是"欲穷亿年目，更上几层楼"了。

最后，我们再介绍一种饶有兴味而卓有成效的方法。为此，我们先从光谱线的"红移"谈起。

耐人寻味的红移

当火车疾驶经过车站时，站台上的人会觉得火车的汽笛声发生了变化：当火车奔向我们而来时，汽笛声便越来越尖；当火车离我们远去时，汽笛的音调又逐渐降低。1842年，奥地利物理学家多普勒（Christian Johann Doppler，1803—1853年）首先阐明造成这种现象的原因。他指出：当火车趋近我们时，每秒钟到达我们耳朵里的声波个数就比火车静止时多，因为这些声波除了从静止声源（汽笛）出发时按正常速度传播外，另外还附加了火车行驶的速度；而当火车离去时，每秒钟传到我们耳中的声波数目要比火车静止时少些，因为这些声波传来的速度变慢了，它等于声源（汽笛）静止时的声速减去列车的速度。总之，汽笛声的音调变化，乃是由于声源的运动使每秒钟撞击我们耳膜的声波数目发生了变化。这种现象，就称为"多普勒效应"。

多普勒列出了声源和观察者之间的相对运动速度同音调的数学关系式。过了两三年，在荷兰有人做了一个奇特的实验，证实这个数学关系式确凿无误。实验过程是这样的：一个火车头拉着一节平板货车以不同的速度来回跑了两天，平板车上的号手们吹奏着各种音调，一些对绝对音高有良好判断力的乐师站在地上，记下列车前来及离去时的音高，结果与按照多普勒的数学公式计算的结果正相符合。

光也是一种波——电磁波，多普勒效应不仅适用于声波，而且同样适用于光波。一个高速运动的光源发出的光，到达我们的眼睛时，波长和频率也发生了变化，也就是说它的颜色会有所改变。多普勒本人就曾指出：恒星的颜色必定会按它接近或远离我们的速度不同而发生不同程度的变化。这种看法原则上显然是无可非议的，可是实际上却不尽然。因为恒星运动的速度要比光速小得多，所以由恒星运动造成的光波波长变化是微乎其微的，它们根本不会导致恒星的颜色发生任何可察觉的变化。

1848年，法国物理学家斐佐（Armand Hippolyte Fizeau，1819—1896年）指出：观测光波的多普勒效应，最好的办法乃是测量光谱线位置的微小移动。当恒星趋近我们时，有如火车向我们驶来，这时星光的"光调"也会升高，也就是光波的频率增高，波长变短，于是光谱线往光谱中的紫端（波长较短的一端）移动；反之，当恒星远去时，"光调"降低，频率低了，波长就变长，光谱线便向光谱的红端移动（图64）。天文学家们通过测定光谱线"红移"或"紫移"的程度，便能计算出恒星在观测者的视线方向上趋近或离去的速度，这就是所谓的"视向速度"。

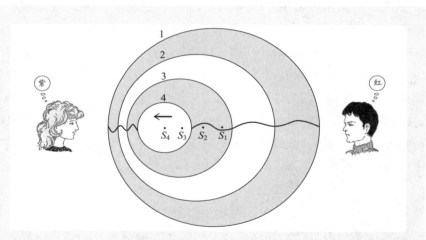

图64　光波的"多普勒效应"原理图。当光源朝向观测者运动时，观测者将发现光波的波长变短，于是光谱线往整个光谱的紫端移动；当光源远离观测者而去时，观测者将发现光波的波长变长，于是光谱线便向光谱的红端移动

1868年，英国天文学家哈金斯（William Huggins，1824—1910年）首先测得天狼星正以46.5千米/秒的速度远离我们而去。如今我们知道，天狼星其实是以8千米/秒的速度朝向我们而来，所以哈金斯测得并不准。然而，

这毕竟是人类历史上的第一次尝试。因此，哈金斯的工作在天文学史上仍然占有光荣的一席。哈金斯是用照相方法研究天体光谱的一位先驱者，他根据对光谱线的研究查明，存在于地球上的一些元素，同样也存在于恒星上。于是，亚里士多德认为天体由地球上不存在的某种特殊物质组成的观念便宣告终结了。到了1875年，哈金斯已设计出一种拍摄光谱的方法：随着曝光时间的加长，来自恒星或其他暗弱天体的光可以累积起来，过去因为太微弱致使肉眼无法看见的暗淡光谱就能被显影出来。利用照相术还有一个重要的优点，那就是可以将光谱永久地记录下来，待有空的时候再进行测量。1900至1905年，老年的哈金斯担任了英国皇家学会主席。

视向速度可以根据光谱线的位移来确定，而与恒星的距离无关，因此在天文学中极其重要。哪怕是宇宙中最遥远的天体，只要能够获得它们的光谱，就能测出它们的视向速度。与此相反的是，只有对于离我们较近的恒星，才能测出其垂直于视线方向的自行。

1890年，美国天文学家基勒（James Edward Keeler，1857—1900年）测出了大角星（牧夫α）正以6千米/秒的速度朝我们靠拢。这个数字说明当时的测量水平已经很高，如今我们知道大角星正以5千米/秒的视向速度向着我们而来。

利用多普勒效应也可以研究星系的运动。1912年，美国天文学家斯莱弗（Vesto Melvin Slipher，1875—1969年）发现，仙女座大星云M31正以约200千米/秒的速度向我们奔驰而来——须知当时尚未弄清它是一个河外天体呢。可是两年以后，当他测出15个星云（后来查明它们其实都是星系）的视向速度后，发现其中竟有13个都在以几百千米每秒的速度远离我们而去，在它们的光谱中，光谱线都有红移。为什么这么多的星系都要"逃离"我们呢？在当时，这确实是一个令人费解的问题。

对星系视向速度的研究在继续进行着。通常，人们用字母z来代表一个天体的"红移量"，或者干脆就简称为"红移"。它可以这样来计算：如果将光谱中处于正常位置（即未移动）的某一光谱线的波长记作λ_0，由于存在视向速度而使该光谱线移动到波长为λ的位置上，则波长位移的净大小为两者之差（$\lambda-\lambda_0$），红移量z与它们的关系如下：

$$z = \frac{\lambda - \lambda_0}{\lambda_0}$$

另一方面，红移z又和视向速度v_r成正比，写成公式就是：

$$z = \frac{v_r}{c}$$

其中c是光速，为300 000千米/秒。[①]

1929年，哈勃研究了业已用前述各种方法确定距离的24个星系的红移。结果发现距离越远的星系红移越大；而且，距离和红移之间有着良好的正比关系，这便是著名的"哈勃定律"。哈勃定律既可以用图的形式来表示（图65），也可以写成如下的简单公式：

$$z = H \cdot \frac{r}{c}$$

即

$$v_r = cz = H \cdot r$$

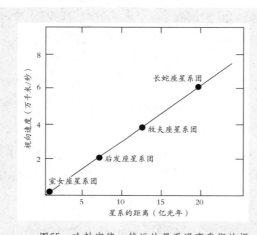

图65　哈勃定律。越远的星系退离我们的视向速度就越大，因而其红移也越大

其中c是光速，r是星系的距离，z是星系的红移，v_r是星系的视向速度。H是一个比例常量，称为"哈勃常量"。哈勃常量要根据大量天文观测来推算，它的具体数值很不容易定准。例如，1974至1976年，美国天文学家桑德奇（Allan Rex Sandage，1926—2010年）等人曾采用多种不同的方法，推算得出$H=55$千米/秒/百万秒差距。它的意思就是说，河外星系的距离每增加1百万秒差距，它退离我们的视向速度便增加55千米/秒。桑德奇是20世纪很有影响的一位天文学家，他1953年在加州理工学院取得博士学位，导师是著名天文学家巴德。同时，桑德奇又是哈勃的一名研究生助理。1953年哈勃逝世后，桑德奇成为哈勃研究计划的继承人，成就卓著。

---

① 当天体的视向速度非常大（例如，大到几万千米每秒，甚至大到接近于光速）的时候，必须改用以下这个较为复杂的公式：

$$z = \left[\left(1 + \frac{v_r}{c}\right) \bigg/ \sqrt{1 - \frac{v_r^2}{c^2}}\right] - 1$$

2009年5月，美国国家航空航天局发布新得出的哈勃常量值 $H=74.2$千米/秒/百万秒差距，其不确定度在5%以内。2013年3月，欧洲空间局又宣布最新推算得出的结果：$H=67.80$千米/秒/百万秒差距，误差范围为 ±0.77千米/秒/百万秒差距。

有了哈勃定律，我们就可以通过拍摄河外星系的光谱，测量出它的光谱线的红移量，进而利用上面的公式求获它的距离了。容易明白，我们可以将一个星系团或星系群中任意一个成员星系的距离看作整个星系团或星系群的距离。这种情况，同前面介绍的把星团或星系中某一成员星的距离视为整个星团或星系的距离是很相似的。

在前文的表5中，已经列出一些较亮星系（不包括本星系群中的星系）的名称、类型、视星等、大小、距离和视向速度。表8再列出一些星系团的概况。

表8　一些星系团的概况

星系团名称	视角径（度）	距离（百万秒差距）	视向速度（千米/秒）	红移z
室女星系团	12	19	1 180	0.004
飞马Ⅰ星系团	1	65	3 700	0.012
巨蟹星系团	3	80	4 800	0.016
双鱼星系团	10	66	5 000	0.017
英仙星系团	4	97	5 400	0.018
后发星系团	4	113	6 700	0.022
武仙星系团	0.1	175	10 300	0.034
大熊Ⅰ星系团	0.7	270	15 400	0.051
狮子星系团	0.6	310	19 500	0.065
北冕星系团	0.5	350	21 600	0.072
双子星系团	0.5	350	23 300	0.078
牧夫星系团	0.3	650	39 400	0.131
大熊Ⅱ星系团	0.2	680	41 000	0.137
长蛇Ⅱ星系团		1 000	60 600	0.202

膨胀的宇宙

从上面几个表里可以看到，那些距离如此遥远的天体系统，都在以多么巨大的速度朝四面八方退离我们而去啊！这简直就像整个宇宙都在疯狂地膨胀一般。

确实，早在1930年，英国天文学家爱丁顿（Arthur Stanley Eddington，1882—1944年）就将哈勃定律解释为宇宙的膨胀效应。哈勃定律的确立是20世纪天文学极重大的成就，它表明宇宙在整体上静止的观念已经过时，取而代之的是一幅空前宏伟的膨胀图景。紧接着的任务便是更准确地测定宇宙膨胀的速率，以及膨胀速率本身如何随时间而变化。

如今，多数天文学家对这种情况的解释是：目前我们所能观测到的整个宇宙（它的尺度超过10 000 000 000光年），正处在一种宏伟的膨胀之中。这有点像一个表面上沾了许许多多面粉颗粒的气球，气球膨胀时它表面上的任何一颗粉粒都会看见，其他所有的颗粒都在远离自己，而且离得越远的粉粒退行的速度也越大。不管气球表面上的哪一颗面粉粒，看到的情景都是一样的。如果将每个星系都当作气球上的面粉微粒，那么星系普遍地彼此退行互相远离的图景也许就比较容易想象了（图66）。

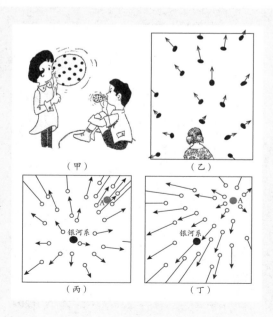

图66　目前观测到的宇宙仿佛处在一种宏伟的膨胀之中。（甲）沾满了粉粒的气球在膨胀，（乙）所有的星系都在彼此分开，（丙）从银河系看其他星系都在彼此四散远离，（丁）从另一个星系A处看，仍然是其他星系都在彼此四散远离

可是，如果我们目前观测到的宇宙果真正在膨胀的话，那么这种超级膨胀又是从什么时候开始的呢？造成这种膨胀的原因何在呢？专门研究这些问题的一门学科，叫作"宇宙学"，也叫"宇宙论"。它的依据是丰富多彩而层出不穷的天文观测事实，它的工具是一些深奥的物理理论和复杂的数学方程，同时它又是兴味盎然的。

　　对于这些问题，不同的人有不同的回答。例如，我们不妨想象，既然星系都在彼此四散分离，那么回溯过去，它们必然就比较靠近。如果回溯得极为古远，那么所有的星系就会紧紧地挤在一起。人们自然会想：宇宙也许正是从那时开始膨胀而来，也许那就是我们这个宇宙的开端吧？

　　首先这样描绘宇宙开端的是比利时天文学家勒梅特（Georges Henri Joseph Édouard Lemaître，1894—1966年）。此人的职业生涯很特别，1914年第一次世界大战爆发时他是一名土木工程师，在军队服役时是炮兵军官，后来又于1922年被委任为神父。1927年勒梅特在美国麻省理工学院获得博士学位，然后回比利时长期担任卢万大学天体物理学教授。他去世时，是罗马教皇科学院院长。勒梅特于1932年提出，现在观测到的宇宙是由一个密度极大、体积极小、温度极高的"原初原子"膨胀而来的。包含了宇宙中全部物质的那个原初原子常被谑称为"宇宙蛋"。它很不稳定，在一场无与伦比的爆炸中炸成无数碎片。这些碎片后来形成无数的星系，至今仍在继续向四面八方飞散开去。

　　故事讲到这里，接下来就轮到比勒梅特年轻10岁的俄裔美国物理学家伽莫夫（George Gamow，1904—1968年。图67）登场了。伽莫夫出生于俄国，13岁生日那天父亲送给他一架小望远镜，使他对天文学发生了兴趣。他1934年到美国定居后，曾长期在乔治·华盛顿大学执教。1948年，伽莫夫和他的合作者继承并发展了勒梅特的想法，从理论上计算了宇宙早期那

图67　大爆炸宇宙论的主要奠基者、俄裔美国物理学家伽莫夫的一幅肖像照

次爆炸的温度，计算了应该有多少能量转化成各种基本粒子，进而又怎样变成了各种原子等等。他们的这一理论，就是著名的"大爆炸宇宙论"。几十年来，大爆炸宇宙论因为成功地解释了众多的天文观测事实，而成为当代最有影响的宇宙学理论。

例如，大爆炸宇宙论推断，宇宙早期温度极高的热辐射在经历了多少亿年的冷却之后，如今应该已经降低到了区区几开（相当于约-270℃），应该可以用射电望远镜在微波波段探测到它的遗迹。1964年，美国贝尔电话实验室的两位无线电工程师彭齐亚斯（Arno Allan Penzias，1933年生）和威尔逊（Robert Woodrow Wilson，1936年生）研制了一台新的天线，目的是为查明干扰通信的天空噪声来源。这台天线自身的噪声很低，方向性又很强，因而很适合用于射电天文学观测。彭齐亚斯和威尔逊在波长7.35厘米的微波波段进行测量，结果发现在扣除所有已知的噪声来源（例如地球大气、地面辐射、仪器本身的因素等）之后，总还是存在着某种来源不明的残余微波噪声。这种微波噪声不随昼夜和季节而变化，而且在天空的各个方向上强度都相同。最后，彭齐亚斯和威尔逊终于确定：这种来历不明的"多余噪声"，正是大爆炸宇宙论预言应该存在的宇宙微波背景辐射。宇宙微波背景辐射的发现，使大爆炸宇宙论得到了普遍公认，彭齐亚斯和威尔逊也因此而荣获1978年的诺贝尔物理学奖。

宇宙大爆炸究竟发生于何时？目前的最佳估值是138亿年前。宇宙学家们曾经很自然地认为，既然大爆炸的原初推动力已经消失，那么宇宙膨胀的速率就应该逐渐放慢。但出乎人们意料的是，目前宇宙实际上竟然在加速膨胀！发现宇宙加速膨胀的最初线索来自超新星。超新星有Ⅰ型和Ⅱ型两大类。根据光谱特征的不同，Ⅰ型超新星又可细分为几个子类。对于测定距离特别重要的是：所有Ia型超新星爆发的极大光度都近乎相同，它仿佛是一种超级的标准烛光，只要将一颗Ia型超新星的极大光度与相应的视亮度做一比较，就很容易推算出它的距离。1998年，美国的两个研究小组各自独立地通过搜索遥远星系中的Ia型超新星，发现它们要比人们原先认为的更加遥远，这正好表明如今宇宙的膨胀比早先更快了。宇宙的加速膨胀彻底动摇了人们对宇宙的传统理解。究竟是什么力量促使所有的星系彼此加速远离？这种与引力相对抗的力量究竟是什么？科学家们目前虽然对此一无所知，但还是先给它起了个名字，即"暗能量"。

上述两个研究小组之一，由美国物理学家索尔·珀尔马特（Saul Perlmutter，1959年生）领导，另一个小组以澳大利亚天文学家布赖恩·施密特（Brian Schmidt，1967年生）和美国天文学家亚当·盖伊·里斯（Adam Guy Riess，1969年生）为主。在他们发现宇宙加速膨胀之后，其他天文学家也另辟途径证实了这一发现。迄今为止，人们对暗能量的本质依然所知极微。揭晓暗能量之谜，是21世纪天文学和物理学的一件头等大事。珀尔马特、施密特和里斯因为发现宇宙正在加速膨胀，从而共同荣获了2011年的诺贝尔物理学奖。

大爆炸理论也还有一些尚待解决的问题，这里就不进一步展开了。至于伽莫夫其人，倒应该再补充几句：他不仅是大爆炸宇宙论的主要奠基人，而且在一个完全不同的领域——生物化学中，又于1954年提出，核酸对于蛋白质的合成起着某种"遗传密码"的作用，并率先提出此种"遗传密码"由核苷酸三联体组成。虽然后来查明他的理论细节有误，但他首创的这种观念总体上仍是正确的。与此同时，除了第一流的科研工作者外，伽莫夫还是一位独具魅力的科普大家。他那些脍炙人口的科普作品，被译成了世界上的多种文字，包括中文版的《物理世界奇遇记》《从一到无穷大》等。

好吧，本书介绍测量天体距离的种种方法，至此大体上就告一段落了。

尾　声

类星体之谜

　　为了测天，人类巧铸了各式各样的"量天尺"。凭着它们，天文学家已经量出近到月球远至星系和星系团的各式各样天体的距离：从几十万千米直至几十亿光年，它们的远近相差达100 000 000 000 000 000倍以上。然而，在茫茫太空之中却还有那么一些显赫的天体，它们的距离曾经令多少天文学家迷惑莫解。为此，我们得先从太空深处众多的"电台"——射电源——谈起，它们每时每刻都在发射大量的无线电波。

　　早在20世纪40年代后期，英国天文学家马丁·赖尔（Martin Ryle，1918—1984年）就领导剑桥大学的射电天文小组，测定了50个射电源的位置，并于1950年刊布了《剑桥第一射电源表》，简称1C星表。1955年他们又发表了《剑桥第二射电源表》，简称2C星表。更著名的是1959年发布的《剑桥第三射电源表》，即3C星表，许多重要的射电源就是以它们在3C表中的序号命名的，例如3C 48、3C 273等。在日后的岁月中，又伴随着观测设备的不断更新和发展，先后诞生了4C，5C……甚至10C星表。

　　许许多多射电源，都是直接用射电望远镜在天空中搜寻到的。它们究竟是些什么样的天体？倘若用光学望远镜进行观测，能不能进一步看清楚它们的真面目？从20世纪50年代末开始，天文学家们想要揭开这层神秘面纱的愿望变得越来越迫切了。

　　通常这些射电源都十分庞大，例如，它们可以是遥远的星系。然而在1960年，美国天文学家桑德奇和加拿大天文学家马修斯（Thomas Arnold Matthews，1927年生）首次发现了情况并非完全如此。他们用当时世界上最大的光学天文望远镜——美国帕洛玛山天文台口径5.08米的大型反射望远镜（图68），仔细搜索一些小得异乎寻常的射电源，第一次在照相底片上找到一个位置恰好与射电源3C 48完全吻合的恒星状天体。1962年，英国天文学家哈泽德（Cyril Hazard，1928年生）又识别出射电源3C 273的位置与一个视星等为13等的恒星状天体密切吻合。几年之内，人们发现了好些这样的天体，奇怪的是它们的光谱都很特别，其中的光谱线早先在任何恒星光谱中都从未见过。

图68　美国帕洛玛山天文台口径5.08米的大型反射望远镜

　　1963年，旅美荷兰天文学家马尔滕·施密特（Maarten Schmidt，1929年生）也用帕洛玛山的5.08米反射望远镜拍摄3C 273的光谱，并成功地辨认出其中那些奇怪的光谱线其实就是氢原子产生的谱线，但是它们的红移量大得出奇，达到了0.158。3C 48也与3C 273相似，而它的光谱线红移量更大，达到了0.367。巨大的红移量使得原本处于光谱紫端的那些谱线竟然移到了光谱的绿区、黄区、红区甚至红外区，人们起初不明究竟，自然觉得好奇费解，是施密特的发现解开了困扰国际天文学界3年之久的这个谜团。

　　1965年，桑德奇又发现有些天体并不发射无线电波，但它们的光谱线也有同样巨大的红移。最后，人们将这两种（即发射或不发射无线电波的）似星非星的天体统称为"类星体"。类星体是前所未知的一类全新的天体，也是20世纪60年代最重大的天文发现之一。到20世纪末，天文学家发现的类星体已经数以万计。

类星体的巨大红移，是天文学中最惑人的疑谜之一。如果认为这种巨大红移的起因是多普勒效应，那么就可以推算出类星体的退行速度高达几万千米每秒。例如，根据类星体3C 273的红移量0.158，可推算出其退行速度达47 000千米/秒，再由哈勃定律又可推断它距离我们几乎远达20亿光年。再如，一个红移量为5.0的类星体，其相应的退行速度超过光速的9/10，即超过270 000千米/秒，根据哈勃定律可知，它同我们的距离超过了100亿光年。

然而，类星体果真如此遥远吗？

对这个问题的回答，并不像乍一看那么容易。你看，如果将太阳那样的普通恒星移到320 000光年那么远，它的视星等便降到24等，因而很难被我们发现了；如果将仙女星系M31这么巨大的旋涡星系移到20亿光年的距离上，那么它就会暗到20.5等，这要比3C 273的视亮度暗上1 000倍；而如果将M31移到100亿光年处，我们就难以再用望远镜找到它。然而，类星体在那么遥远的地方，却仍然亮得足以让天文学家把它们的光谱拍摄下来。由此可见，一个普通的类星体所辐射的光能量甚至比一个巨大的星系还要多。可是另一方面，类星体又是那么小，以至于看上去仿佛只是一个恒星似的光点。有什么方法能够在那么小的体积中产生那么多的能量呢？

于是，有人开始质疑了：类星体究竟是不是那么远不可及？

倘若类星体实际上并不那么遥远，而是在我们银河系之内的话，那么按其视亮度推算，它的发光能力就与寻常的恒星相差不远了。假如这样的话，那么类星体的巨大红移就不一定是巨大的退行速度造成的了。然而，如此一来，又有什么原因能造成如此巨大的红移呢？这又是一个新难题。

本书的目的并不是详细地探讨类星体的奥秘，但是类星体的"红移-距离之谜"却表明，只有深入地弄清它们有多远，才能更深刻地认清它们的本质。如今，多数天文学家都已认同，类星体不是恒星，而是星系一级的天体。在类星体的中央，存在着一个超大质量的黑洞——其质量可超过10亿个太阳的总和！当四周的物质因受到这个黑洞的巨大引力而沿着螺旋状的轨迹向它下落时，就会释放出极其可观的巨额能量，这便是类星体神秘的能源之所在。

大自然的景色丰富多彩，宇宙中的奥秘无穷无尽。它们披戴的神奇面纱，正期待着人类以无尽的智慧去逐一揭开。人们已经多次向茫茫太空派出自己的"使者"。在飞出地球、探测月球和各大行星之后，接着便是飞出太阳系了。

飞出太阳系

相传至迟在1608年，荷兰眼镜匠利帕希（Hans Lippershey，1570—1619年）有个学徒趁师傅不在，拿了两块透镜一前一后叠置在眼前聊以自娱，却意外地发现远处教堂上的风标竟然变得又大又近了。当他将自己的发现告诉师傅时，一点也没有因为工作懈怠而挨骂。因为利帕希立刻明白了这个发现非同小可。他将透镜装入金属管内使之便于握持，然后将其奉呈政府用于军事。当时，荷兰正在抵抗强敌西班牙的侵略，望远镜使荷兰海军能够在西班牙舰队发现他们之前先看见对方，从而处于优势地位并赢得了最后胜利。

望远镜为人类认识宇宙立下的功勋，远远超出了将它用于战争。我们已经从测量天体距离这个侧面看到了这一点。然而，也像打仗一样，假如能派出自己的侦察英雄深入敌人的心脏，那么他就能获得无论用多大的望远镜也看不到的详情细节。确实，人类已经将许多优秀的侦察员派往茫茫太空，它们便是众多的宇宙飞船。

人类已经登上了月球（图69）。迄今为止，共有12名美国宇航员在距离地球384 400千米的月球上安放科学仪器，进行

图69　1969年7月21日人类在月球上踩下的第一个脚印

科学考察，取回月岩样品，从而获得了大量有关月球的全新消息。随着21世纪的来临，一些国家相继投入新一轮的探月活动。中国也在2004年开始实施自己的探月计划——"嫦娥工程"。2007年10月24日，"嫦娥一号"无人探月卫星发射成功，它利用所搭载的科学仪器在绕月轨道上对月球进行多方位的探测，获得了大量宝贵的科学数据。2010年"嫦娥二号"成功探月，因为更新了探测设备并降低了绕月飞行的轨道高度，所以它的探测精度较前又有了提高。2013年12月，"嫦娥三号"在月球表面软着陆，并携带了一辆可在月面上行驶的"玉兔号"月球车。"嫦娥三号"创造了月球探测器在月球上工作时间最长的世界纪录，并且拍摄了人类获得的最清晰的月面照片，它获得的大量科学数据，面向全球科学家开放共享。"嫦娥四号"登月探测器原本是"嫦娥三号"的备份星——仿佛是一名候补队员，但因嫦娥三号已圆满完成任务，"嫦娥四号"便可另作他用，它将在人类历史上首次登陆月球背面，并开展巡视探测，登陆地点是月球南极附近的艾特肯盆地。"嫦娥五号"是中国首个无人的月面取样返回探测器，于2020年11月24日发射升空。12月1日其着陆器在月面预定地点着陆，它携带的采样设备共采集了月球岩石和土壤样品约2千克。12月17日，"嫦娥五号"返回器带着这份珍贵的月球"土特产"在我国内蒙古四子王旗预定区域安全着陆，从发射到回家的全过程共历时23天。

除月球外，人类还没有踏上过地球以外的其他世界。不过，无人驾驶的宇宙飞船同样是人类派往茫茫太空的忠实信使。早在20世纪70年代，美国的一系列"水手号"和"海盗号"飞船已经分别访问了水星、金星和火星。21世纪伊始，各国的新一轮火星探测又获得了许多崭新的成果。中国首个火星探测器"天问一号"于2021年2月进入环绕火星运行的轨道，5月15日其着陆器在火星乌托邦平原的预选区域成功着陆。5月22日，它携带的"祝融号"火星车安全驶上火星大地，开始巡视探测。中国在世界火星探测史上创下了一次性实现"绕、落、巡"的辉煌纪录（图70）！

1972年3月，美国国家航空航天局发射了第一个木星探测器"先驱者10号"，1973年4月又发射了第二个木星探测器"先驱者11号"。在此后的岁月中，它们都出色地完成了考察木星的任务，继续远走高飞。

图70 中国"天问一号"火星探测器携带的"祝融号"火星车在着陆器平台上朝前进方向拍摄的图景。前方地形清晰，火星车将沿着图中的坡道下行到火星地面。受广角镜头畸变的影响，远方地平线形成一条弧线。图像上部有两个伸杆，是已经展开到位的次表层雷达（图源：中国国家航天局）

1980年，"先驱者10号"距离太阳已经和天王星一样远。大约在80 000年以后，这艘飞船将会飞到距离太阳1秒差距的地方。"先驱者11号"于1979年9月初与土星会合，后来也像"先驱者10号"那样飞离了太阳系。

这两位星际旅行的"先驱者"，各带着一块同样的金属饰板。板上画有如图71那样的图案。它表明"先驱者"是从哪儿出发的，也画出了地球上最高等生命的形象：一个男人和一个女人。这两个人的背景是"先驱者"飞船本身的外形轮廓，它清楚地表明人的高度大约是飞船宽度的2/3。飞船带上这么一块金属饰板的意愿，是为了有朝一日当它遇上"宇宙人"——别的星球上的高级生命——

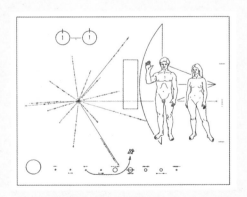

图71 "先驱者11号"携带的金属饰板。左下角的大圆圈代表太阳，旁边一排小圆圈代表各个行星，其中第三个是地球，从地球出发的那个弯曲箭头表明，"先驱者号"探测木星以后将继续向远方飞去

的时候，好让那些聪明的生物知道这艘飞船的来历，并且让他们知道：茫茫太空中还有一个一直在想念他们的文明种族，这便是人。

科学家们为了探索宇宙的奥秘、研究天体与生命的起源和演化，才不惜耗费巨额的人力、财力和物力，千方百计地去与迄今不知在何方的"宇宙人"取得联系。就像平时交朋友一样，地球人首先借助于上述金属饰板——它们宛如"地球的名片"，向那些"远方的朋友"做自我介绍。

追随着"先驱者"的足迹，1977年又有"旅行者1号"和"旅行者2号"两艘宇宙飞船上了天。它们也是美国国家航空航天局发射的。这两艘飞船的结构和所带的仪器完全相同，就好像一对孪生兄弟。它们的"体重"都是825千克。由于"旅行者1号"出发前有了故障，因此只好让"旅行者2号"于当年8月20日先发射，"旅行者1号"推迟到9月5日再出发。它们沿着互不相同的轨道前行，结果在1979年3月5日，后出发的"旅行者1号"反而先飞越木星，同年7月9日"旅行者2号"也如期抵达，它们对木星的考察成果较"先驱者"更为丰富（图72）。1980年11月，"旅行者1号"飞越土星并对它进行考察研究。"旅行者2号"则于1981年8月飞越土星，1986年1月30日飞越天王星，1989年越过海王星而继续飞离太

图72 "旅行者号"探测器飞临木星

阳系。必须经过几十万年，这些"旅行者"才有希望遇上另一颗恒星。

"旅行者"也带有人类献给自己的太空朋友"宇宙人"的高贵礼品——一套直径30.5厘米的"地球之音"镀金铜质唱片，其内容是由一些著名的科学家、音乐家和教育家精心收集的，录制了有关人类起源和发展的各种信息。

"地球之音"共包含115张照片和图表，其中有一幅是我国八达岭长城的雄姿，另一幅是中国人的午餐场景；35种既生动又形象的自然音响，其中有风雨雷鸣和海浪拍岸，有鸟语兽吼和人笑婴啼；55种语言的问候语，其中包括英语、德语、法语、日语、俄语，还有我国的普通话以及粤语、吴语和厦门方言；27种世界名曲，主要是古典音乐和世界上各少数民族的乐曲，其中不仅有巴赫、莫扎特、贝多芬等大师的杰作，而且有用中国古琴演奏的古曲《流水》。此外，还有用科学语言说明如何使用"地球之音"的唱片，以便先进的"宇宙人"能将模拟形式的电子信号转变成照片、图表和印刷符号（文字）。每张唱片装入一个铝制保护罩，它可以在太空中保存10亿年。

"地球之音"响彻太空，然而它能否遇上"知音"却颇成问题。而且，只有当它遇上与人类相当、甚至比人类更先进的智慧生命时，这一切才不致成为"对牛弹琴"。"地球之音"还备有当时的联合国秘书长瓦尔德海姆亲自口述的贺电和时任美国总统卡特亲签的电文，他们都向"宇宙人"表达良好的祝愿。这一切，都表明人们对地外文明抱有强烈的希望和兴趣。尽管这些努力在短时期内看来很难取得什么实际效果，但它毕竟是从我们的摇篮——地球（或者说太阳系）迈出的第一步。人类应该为自己战胜太阳的巨大引力而自豪。何况"先驱者"和"旅行者"对木星、土星、天王星、海王星的探测也确实卓有成效。它们毕竟已经使我们对自己这个行星系统的了解猛增了上千倍。

结束语

远远的街灯明了，

好像是闪着无数的明星。

天上的明星现了，
好像是点着无数的街灯。
…………

　　星星的世界广阔无垠。古人对此不甚了解，才会想象牛郎织女一年一度的"鹊桥相会"。如今看来，"天河横渡"真是谈何容易。

　　牛郎织女两星相距16光年，现代的高速飞机（每秒钟飞1千米）要5 000 000年才能飞到；打个电报，电波来回一趟也得32年。同情牛郎织女不幸遭遇的唐代诗人王湾，在其五言绝句《闰月七日织女》中写下了这样的感人诗句："耿耿曙河微，神仙此夜稀。今年七月闰，应得两回归。"然而，这只是他的好心罢了，耿耿天河何能一年两渡呢？

　　也许有人要因此而悲观了：看来人类永远没法飞向遥远的星球啦。您想，即使乘上像光一样快的飞船飞往并不算太远的天津四，那也得飞上1 600年，谁能在这样的旅行中活着到达终点呢？

　　但是话说回来，20世纪最伟大的物理学家爱因斯坦（Albert Einstein，1879—1955年）创立的"狭义相对论"告诉我们，如果物体的运动速度极快，那么由静止或慢速运动的观察者看来，就会发现它的时间进程变得缓慢了。如果飞船的前进速度快到与光速只相差1/1 000，即达到299 493千米/秒的话，那么当地球上的新生婴儿变成百岁老人时，飞船中的人才老了四岁半。当这艘飞船到达天津四时，其中的旅客也只是增加了72岁，将来的人很长寿，72岁又算得了什么呢？

　　由于同样的原因，假如有一对双生子，一个称为哥哥，一个叫作弟弟。弟弟一直生活在地球上，哥哥却当上了宇宙飞行员，登上超高速飞船到太空去旅行了。哥哥拜访了牛郎，问候了织女，重返地球时他依然是个朝气蓬勃的青年；可是到宇宙飞船门口迎接他凯旋的弟弟却早已成了年逾古稀的老者。你看，这是多么有趣的场面啊。

　　我们还应该站在宇宙飞船中旅客的立场来看一下，为什么在自己短短的一生中竟能飞到远在1 600光年之外的天津四呢？

　　事情原来是这样：当他乘着这艘超高速飞船旅行时，便发现从地球到天津四的距离竟然"缩短"了——它已经变得只有71.5光年了，宇宙旅客的飞行速度是0.999c（c是光速），于是他在72年之内到达了这个目的地。

　　这便是"狭义相对论"中著名的"尺缩钟慢"效应。读了这几行字，有人也许会产生比它多出100倍的疑问。那么，您不妨再去读一点有关相对论的书籍，那可是一个趣味无穷的新天地呢。

　　在这本小册子中，我们并没有讲尽测量天体距离的一切方法。例如，还有利用"移动星团"成员星的运动情况求"星群视差"，由双星的"轨道要素"求它们的"力学视差"，运用统计方法求一群具有共同特征的恒星的"平均视差"，如此等等。然而，我们已经筑成直通迄今所知最远天体的"距离阶梯"，也回答了"星星离我们有多远"这个问题。于是，这个未讲完的故事也可以告一段落了。

　　人类已经把自己的目光投向远达100多亿光年的太空深处。在这个范围以外的情况，目前我们并不很清楚。然而，人类的认识能力是无穷的。飞向太空的道路崎岖不平、艰难曲折，征服宇宙的前景却又广阔无边，美不胜言。

　　人类的视野正在继续扩大着，而且它还将不断地扩大、扩大、再扩大……

阅读规划进度及自我测评

01 计划阅读时间

02 实际阅读时间

03 完成度（%）

04 阅读兴趣

感兴趣□　　一般□　　没兴趣□
原因：
问题：

05 回忆一下阅读的章节，看看是否能回答出这些问题

① 在哥白尼生活的时代，人们为什么认为恒星没有"视差位移"呢？

② "光年"是时间单位还是长度单位？天文学家为什么用"光年"而不用"千米"作为"量天尺"呢？

③ 说一说你对"秒差距"的理解。

④ 你知道什么是"视星等"，什么是"绝对星等"吗？

⑤ 康德说："世界上有两件东西能够深深地震撼人们的心灵，一件是我们心中崇高的道德准则，另一件是我们头顶上灿烂的星空。"你对此作何理解？

⑥ 回顾"恒星天文学之父"威廉·赫歇尔的一生，你从中得到了什么启示？

⑦ 用自己的话说一说你对"哈勃定律"的理解。

⑧ 诗人们歌颂星空与宇宙的美丽诗篇有很多，找一找，抄下来，与同学们分享你的收获。

06 仰望星空，勤于实践

读完这一部分，你或许会对星空与宇宙的奥秘产生更加浓厚的兴趣。不妨试着用天文望远镜对繁星璀璨的星空探寻一番吧。

07 摘抄，积累

把你认为好的语句或段落摘抄下来，积累更多的语言素材吧！

下篇　难忘的天文故事

从小行星到矮行星

瞧这一串数字

天文学家有一把巨大的尺子，叫作"天文单位"。1天文单位的长度，就等于地球到太阳的平均距离，即149 597 870千米。通常，天文学家都喜欢用这把巨尺来丈量行星到太阳的距离。这样做有不少好处，举个例子吧：土星到太阳的距离约为1 426 980 000千米，这是一个10位数，记忆不方便，写起来也挺麻烦。但若说土星与太阳相距9.54个天文单位，那不就简便多了？

自古以来人们早已知之的那些行星，同太阳的距离可列成下表：

行星	到太阳的距离（天文单位）
水星	0.387
金星	0.732
地球	1.000
火星	1.520

续表

行星	到太阳的距离（天文单位）
（？）	（？）
木星	5.20
土星	9.54

表中有一行问号，正是我们接着要谈的主题。

1766年，德国学者提丢斯（Johann Daniel Titius，1729—1796年）发现，如果写下这样一串数字：

3，6，12，24，48，96，

其中每个数字都是前一个数字的两倍；在这串数字的最前面添上一个0，再将每个数字都加上4，就得到：

4，7，10，16，28，52，100，

然后各除以10，最后就得到：

0.4，0.7，1.0，1.6，2.8，5.2，10.0

把它们与上述行星到太阳的距离比较一下，可以发现两组数字非常接近。提丢斯本人并没有宣扬自己的这项发现，直到1772年25岁的德国天文学家波得（Johann Elert Bode，1747—1826年）重新介绍，这一规律才引起人们的重视。后来，大家就称它为"提丢斯—波得定则"。

提丢斯（图73）出生于普鲁士的科尼茨（今波兰的霍伊尼斯），从1756年27岁时起任维滕贝格大学的教授，直至去世。他不露声色地将自己发现的行星距离规律夹叙在他的一部翻译作品中，使人误以为那是原著者的论述。直到1772年，他才在译本第2版中加注予以说明。

波得在提丢斯发现行星距离定则时还不到20岁，却

图73　德国学者提丢斯

已经在写天文学教科书了。他从1786年到1825年担任柏林天文台台长，并先后当选多个国家的科学院院士或皇家天文学会会员。

提丢斯—波得定则问世不久，1781年，英国天文学家威廉·赫歇尔在人类历史上破天荒发现了一颗比土星更遥远的新行星，即天王星。利用提丢斯—波得定则，可以这样估算天王星与太阳的距离：在最初那串数字的末尾再添上一个192，它等于96的两倍；然后也将它加上4，再除以10，最后得到19.6，这与天王星到太阳的真实距离19.2天文单位是何其相近啊！

缉拿小行星

提丢斯—波得定则的"灵验"使许多天文学家相信，上面那个表中打上问号的地方必定有一颗尚未发现的行星，它到太阳的距离应该是2.8天文单位。

于是，一批德国天文学家便组织起来，打算齐心协力彻底巡查天空，"缉拿"这颗尚未"归案"的行星。不料，正当他们积极准备行动的时候，意大利天文学家皮亚齐却已经捷足先登！

图74　皮亚齐发现谷神星时所用的天文仪器

皮亚齐生于意大利的那不勒斯，当时那是一个独立的小王国。王国政府委派皮亚齐在西西里岛的主要城市巴勒莫建造一座天文台。他为此到英国考察，却不慎从赫歇尔那架巨型望远镜的梯子上摔下来，跌断了一条胳膊。

1801年元旦之夜，皮亚齐在巴勒莫天文台系统地观测恒星。金牛座中一颗从未见过的星引起了他的注意（图74）。这颗星的运动比火星慢得多，又比木星快得多，因此它很可能位于火星和木星之间。但是到了2月中旬，它在天空中已经过于靠近太阳，观测只好中止。后来，这颗星就失踪了。

正好，这时年方24岁的德国数学家高斯（Johann Karl Friedrich Gauss，1777—1855年）刚创立一种根据3次合适的观测确定天体运动轨道的方法。高斯利用皮亚齐的观测数据，推算出这个新天体的轨道：它确实在火星和木星的轨道之间，绕太阳公转一周需要4.6年，与太阳的平均距离为2.77天文单位，非常接近于提丢斯—波得定则预言的2.8天文单位。

这是一颗新的行星！但是它的个头太小，直径还不足1000千米——还不及北京与上海两地的直线距离，因此被称为"小行星"。根据皮亚齐的提议，它被命名为"塞雷斯"（Ceres）——古罗马神话中一位女性谷神的名字，相传她是西西里岛的保护神。在汉语中，这颗小行星被定名为"谷神星"。

发现谷神星，高斯功不可没。他出生于德国的不伦瑞克市，是历史上最了不起的数学天才之一，相传3岁时已能纠正父亲的计算错误。高斯毕生科研硕果累累，他死后不伦瑞克市竖起他的雕像，其底座是一个正17边形，以纪念他发明用圆规和直尺作出正17边形的方法。

根据高斯计算的谷神星轨道，重新在天空中找回谷神星的，是德国人奥伯斯。他大学毕业后在不来梅行医，却总是在天文观测中度过一个又一个夜晚，还把自己住所的顶层变成了一座天文台。奥伯斯于1802年非常出人意外地又发现一颗新的小行星——第2号小行星"智神星"，其公转轨道与谷神星非常相似；1804年9月1日，另一位德国天文学家哈丁（Karl Ludwig Harding，1765—1834年）发现了第3号小行星"婚神星"（Juno），它距离太阳比谷神星和智神星稍近一些：不是2.77，而是2.67天文单位。1807年3月29日，奥伯斯又发现了第4号小行星"灶神星"（Vesta）。

直到1826年皮亚齐逝世，甚至1840年奥伯斯逝世，已知的小行星依然只有这4颗。许多人的热情减退了。但是，柏林有一位名叫亨克（Karl Ludwig Hencke，1793—1866年）的邮政局长，在漫长的15年中，几乎全部业余时间都坚守在天文望远镜前，花在搜寻新的小行星上。虽然每个晚上带来的总是失望，但他从不灰心。终于，在1845年12月，他发现了第5号小行星。后来亨克称它为"义神星"（Astraea）。两年后，他又发现了第6号小行星"韶神星"（Hebe）。

以后的发现就越来越多了，1868年确定的小行星已经达到100颗，1879年达到200颗，1890年达到300颗。1891年12月20日，德国海德堡天文台的马克西米利安·弗朗兹·约瑟夫·沃尔夫（Maximilian Franz Joseph Cornelius Wolf，1863—1932年）用照相方法发现了一颗新的小行星——第323号"布鲁西亚"（Brucia）。照相观测要比直接用眼睛观测更方便，而且效率也高得多：让大视场望远镜准确地跟踪恒星，以足够长的曝光时间拍摄一大片天空，这时恒星的像呈现为一个个明锐的光点，小行星却因自身相对于恒星背景的移动而呈现为一段短线。因此，从1892年以来，就不再有天文学家用肉眼寻找小行星了。沃尔夫创造了奇迹，他一人就发现了200多颗小行星。后来，有两颗小行星是以他的姓氏命名的：第827号"沃尔菲安娜"（Wolfiana）和第1217号"马克西米莲娜"（Maximiliana）。

有趣的编号和命名

也许您会觉得奇怪：为什么小行星的名字都如此女性化呢？其实，最初命名小行星时确实都是用女神的名字。如果用到其他名字，也要先将这些名字女性化了再用。后来，逐渐有人用男性名字来称呼一些特殊的小行星。再后来，大家对于小行星的"性别"就不很在意了。为了纪念前面提到的那些人物，第998号小行星被命名为"波得"，1000号小行星被命名为"皮亚齐"，1001号为"高斯"，1002号为"奥伯斯"。后来，第1998号小行星被命名为"提丢斯"，与"波得"恰好相差整整1000号。

多数小行星都位于火星轨道和木星轨道之间，轨道半长径在2.1～3.5天文单位之间。若以太阳为圆心，以2.1和3.5天文单位为半径各画一个圆，如此就构成一个圆环。这个环称为小行星的"主带"。

谷神星是第1号小行星，也是最大的小行星（图75）。第2号小行星智神星的直径也有约500千米。但是，像谷神星和智神星这么大的小行星为数极少。例如，1949年发现的1566号小行星"伊卡鲁斯"（Icarus），直径仅1 500米左右，只相当于一座不很大的山。这种"迷你"行星实在太多了，必须加强管理。任何人发现疑似新小行星的天体，都应该

先通报国际天文学联合会的小行
星中心，这时新天体将获得一个
临时编号：由观测年份加上两个
大写英文字母组成，第一个字母
（从A依次到Y，除去I不用）表示
它是在哪半个月发现的，第二个
字母（从A到Z，除去I不用）表
示它是这半个月中的第几起发现。
例如，1965 YN表示1965年12月下
半月中发现的第13颗小行星。某
半个月中的第25起发现用Z标记，
接着还可以再循环使用字母A，B，

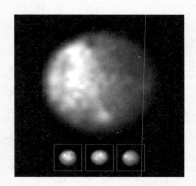

图75　哈勃空间望远镜拍摄的
谷神星照片，下方的3幅小图显示了
谷神星的外貌随时间而变化

C……即第26起发现记为A1，第27起记为B1，直到第50起记为Z1；再
往下，第51起发现记为A2，第52起记为B2……第75起为Z2；第76起为
A3，第77起为B3，等等。于是，1995 SA10就代表1995年9月下半月中
的第251个发现。

　　然后，必须计算出这颗小行星的轨道，并切实观测到它的另外两
次回归——两次"冲日"，这时才能予以正式编号，发现者才可以正式
为它取名。例如，经过20年的努力，终于确认前面提到的1965 YN也就
是1955 DA和1975 SD，国际天文学联合会小行星中心给它的正式编号
是2197，中国科学院紫金山天文台作为发现者则将其命名为"上海"。

　　中华人民共和国成立后，紫金山天文台又发现了许多新的小行星。
它们有的以中国古代科学家命名，例如1802号"张衡"、1888号"祖冲
之"、2012号"郭守敬"、2027号"沈括"；有的用我国的地名命名，例
如2045号"北京"、2078号"南京"、2169号"台湾"等；也有不少以现
代人物或事物命名，例如3405号小行星"戴文赛"以我国老一辈著名天
文学家戴文赛（1911—1979年）命名。自20世纪50年代初起，戴文赛长
期担任南京大学天文学系主任，始终深受全系师生的尊敬与爱戴。3704
号小行星被命名为"高士其"，意在纪念身残志坚、对我国科普事业有
突出贡献的科学家高士其（1905—1988年）。紫金山天文台发现的8256
号小行星于2005年3月17日被命名为"神舟"；与此同时，由欧洲南方天

文台发现的21064号小行星被命名为"杨利伟"。

20世纪后期，中国科学院北京天文台（今国家天文台）异军突起，采用新技术发现的小行星数量迅速上升，其中有不少已获正式编号或正式命名。例如，1999年7月，8315号小行星以"巴金"命名；1999年10月，7800号小行星被命名为"中国科学院"，为院庆50周年志贺。

截至2016年5月，国际上获得正式编号的小行星总数已超过46万颗。如今这个数字还在继续迅速地增长。

奇怪的"越轨"行为

19世纪初那场搜索小行星的大赛，是意大利人拔了头筹，德国人唱了主角。接下来，在19世纪中叶一场搜索新的大行星的更精彩的角逐中，英、法两国又占据了舞台的中心。

那时，法国科学界有一位要人阿拉戈（Dominique François Jean Arago，1786—1853年）。他在物理学的许多领域都有突出贡献，1809年23岁时被选为法兰西科学院院士，1830年任巴黎天文台台长。阿拉戈一直很关心天文学中的一宗"要案"，下面就来说说此事的原委。

自从16世纪伟大的波兰天文学家哥白尼提出"日心地动说"，17世纪初德国天文学家开普勒总结出行星运动三大定律之后，人们对于行星如何环绕太阳运行，已经知道得相当清楚了。

又过了差不多半个世纪，英国大科学家牛顿进一步探讨了行星为什么始终绕着太阳打转，而不会自由地跑向远方的原因。他猜测这必定是由于它们受到了太阳的吸引。再者，月球绕地球运动的方式，显然与地球绕太阳运动的方式十分相似。那么，地球是不是也在吸引着月球？沿着这条线索，牛顿在1666年初步做出并于1687年公开发表了在科学领域中至关重要的伟大发现——万有引力定律。

万有引力定律第一次使天文学与力学攀上了亲。人们广泛地运用万有引力定律和牛顿运动定律来研究天体的运动，于是天文学中的一个崭新分支——天体力学就随之诞生了。利用天体力学，人们不仅可以根据天文观测来追溯行星以往的运动，而且还可以预告行星日后的动向。

在太阳系中，假如一颗行星仅仅受到太阳引力的作用，那么它就会严格地沿着椭圆轨道环绕太阳运行。但是，所有的行星彼此之间也在互相吸引着，而且它们也都反过来吸引着太阳，因此情况非常错综复杂。当然，太阳的质量远大于任何一颗行星，因此它的引力始终处于主宰地位。各个行星彼此之间的引力则产生了所谓的"摄动"，它使诸行星的轨道或多或少地偏离了理想的椭圆。也许可以说，天体力学主要就是和各种各样的摄动打交道。19世纪初，天文学家对摄动的研究已经很深入，因此能够相当准确地预告每颗行星在未来时刻应该处于天空中的什么位置上。

1821年，法国天文学家布瓦尔（Alexis Bouvard，1767—1843年）发现，对于木星和土星，根据牛顿的力学理论计算得出的结果与实际的天文观测很相符合。但是对于当时所知的最远行星天王星，结果却总是不能令人满意。到了1845年，这种差异已经相当显著——超过了2′。

情况确实使人费解。究竟是万有引力定律和天体力学方法失灵了，还是在天王星轨道以外还有一颗尚未露面的行星，正在用自己的引力——摄动——拖天王星的后腿？如果属于后一种情况，那么它为什么并不影响木星和土星的运动呢？后面这个问题倒不难回答：两个物体间的万有引力与它们之距离的平方成反比，由于未知行星离木星和土星太远，所以它对木星和土星的摄动微乎其微。

天王星运动的"越轨"行为，对万有引力定律提出了严重的挑战。怀疑牛顿理论的人是少数，认为存在一颗未知行星的人较多，布瓦尔早先就有这样的想法。然而，重要的是：怎样才能缉获这颗不肯露面的行星呢？

问题难就难在人们不是先看见一颗行星，然后来计算它的轨道，并推算它对其他行星的摄动效果，而是与此相反：要根据天王星的古怪行径——也就是未知行星产生的摄动效果，倒过来找到那颗未知的行星。很多天文学家都不敢贸然把时间和精力投向这个也许无法解决的问题。

"那颗行星确实存在"

然而，时代提出的迫切任务是不会长久无人问津的。两位年轻人不约而同地奋起应战了。他们都精通天体力学，具有高超的数学本领。

亚当斯（John Couch Adams，1819—1892年。图76）当时是剑桥大

图76　英国天文学家亚当斯

图77　法国天文学家勒威耶

学的学生。1841年7月3日，22岁的他写下了一段日后变得非常著名的日记："拟于毕业后尽早探索天王星运动不规则之原因。查明在它之外是否可能有一颗行星在对它起作用；若是，则争取确定其大致的轨道参数，以便发现这颗新行星。"1843年末他24岁的时候，已经初步找到解决这一问题的途径。1845年9月，他根据对天王星"运动失常"的研究推算出这颗假想行星的轨道、质量和当时在天空中所处的位置。他很想和当时的英国皇家天文学家艾里（George Biddell Airy，1801—1892年）讨论这些结果，但是他三次访格林尼治皇家天文台，却未能见到这位皇家天文学家。他留下一份有关计算结果的简短说明，就回剑桥去了。几天以后，艾里复信表示感谢，但又问他是否真的能够解释天王星的运动。亚当斯没有再回信，他先前留下的计算结果便长期搁置在艾里办公室的抽屉里。

法国天文学家勒威耶（图77）接受阿拉戈的提议，也在巴黎天文台钻研这个难题，但他对亚当斯的工作毫不知情。他将自己的研究结果写成几篇论文，寄到欧洲的其他天文台。艾里也收到了勒威耶于1846年6月发表的论文副本。艾里发现，勒威耶的计算结果几乎与亚当斯的结果完全一致，于是顿觉形势逼人，便敦请剑桥天文台台长查利斯（James Challis，1803—1882年）用望远镜进行详细的搜索。可惜，查利斯缺乏足够好的星图。为了做好寻找未知行星的准备工作，查利斯决定亲自观测、编制一份包括这部分天空中3000多颗恒星准确位置的新星图。

1846年8月31日，勒威耶发表了题为《论使天王星运动失常的行星，它的质量、轨道和当前位置的确定》的最终报告。他写信给欧洲一些重要的天文台，请它们的天文学家按他指出的位置——宝瓶座中黄道经度326°的地方——在望远镜中寻找这颗行星。当时它的亮度估计只及肉眼所见的最暗恒星的十分之一。

1846年9月23日，柏林天文台年轻的天文学家加勒（图78）收到勒威耶的来信。加勒的助手达雷斯特（Heinrich Louis d'Arrest，1822—1875年）告诉他，正好有一份前几天刚出版的新的星图，包含了需要进行搜索的那一部分天空。

当天晚上，加勒和达雷斯特把柏林天文台当时拥有的最好的望远镜——一架口径23厘米的折射望远镜，指向了宝瓶座方向。加勒从望远镜中读出一颗颗星星的位置，达雷斯特则拿着星图在旁一一核对。他们发现有一颗8等星是星图上所没有的，它偏离勒威耶预言的位置还不到1°。第二天晚上他们再核实一次，这颗星已经在天空中退行了70″，这又与勒威耶的预言恰好吻合，加勒和达雷斯特真是喜出望外！

几天后，勒威耶收到一封信，其中写道："先生，您给我们指出位置的那颗行星确实存在。"发信时间是9月25日，发信人就是加勒。

阿拉戈想将新行星命名为"勒威耶"，以表彰这位预告者的功勋。但是，勒威耶不赞成用自己的名字称呼新行星，他建议恪守天文界的老传统，用神话人物来命名它。于

图78　首先用望远镜在天空中找到海王星的德国天文学家加勒

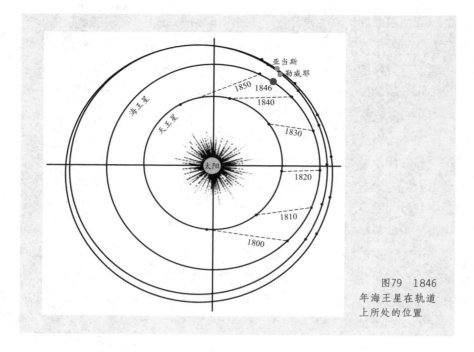

图79　1846
年海王星在轨道
上所处的位置

是，这颗新行星就以罗马神话中的大海之神纳普丘（Neptune）的名字命名了。在古希腊神话中，这位海神的名字叫波塞冬。在汉语中，这颗新行星被定名为"海王星"（图79）。

海王星被发现后，英国天文学家拉塞尔（William Lassell，1799—1880年）在一个月之内就发现了它的一颗大卫星——其直径约2 700千米。这颗卫星直到20世纪30年代才被正式命名为"特里同"（Triton）——海神波塞冬之子的名字，汉语中定名为"海卫一"。1949年，荷兰裔美国天文学家柯伊伯（Gerard Peter Kuiper，1905—1973年）发现了直径仅约340千米的海卫二，并将其命名为"涅瑞德"（Nereid）——古希腊神话中的海中女仙。1989年，"旅行者2号"宇宙飞船越过海王星时发现了另外6个小海卫，但其中的海卫八（Proteus）却比海卫二还大，直径约420千米。后来，已知的海王星卫星总数又上升到了13颗。

优先权之争

英法两国科学家曾经为发现新行星的优先权展开了激烈的争论。

阿拉戈盛赞勒威耶"为祖国争得了光辉，为子孙赢来了荣誉"。英国著名天文学家威廉·赫歇尔的儿子约翰·赫歇尔于1846年10月3日在伦敦发表公开信，声称勒威耶只是重复了亚当斯早已完成的计算而已。加勒和达雷斯特及时而准确的观测受到了人们的赞扬，只有艾里由于耽误了新行星的搜索而广受谴责，查利斯也因工作松懈成了反面教员。

亚当斯很谦虚，他在大学时代的日记中就写道："对他人的荣誉不应嫉妒，对自己的成功不应骄傲。"他从不参与两国科学家围绕着自己的争论，也从未责怪艾里和查利斯。1847年夏天，英国女王维多利亚（Alexandrina Victoria，1819—1901年）在视察剑桥大学时派人转告副校长："为表彰亚当斯研究新行星的贡献，女王陛下决定授予其爵位。"但是亚当斯婉言谢绝了。他说："这是科学巨人牛顿曾经获得的荣誉，我与牛顿是无法相比的。"亚当斯和勒威耶在共同的事业中各自做出了贡献，后来成了好朋友。

海王星的发现是科学史上的一件大事，是牛顿力学理论和万有引力定律的光辉胜利。为此，人们总是乐意知道几位主要当事人的更多情况。

勒威耶出生于一名小公务员之家。他的父亲变卖了房屋让儿子上学，这真是一个英明的决定。勒威耶起初从事化学实验工作，但事实一再证明，他是一名真正优秀的天文学家。阿拉戈死后，勒威耶于1854年被任命为巴黎天文台台长，直到1877年去世。

亚当斯出生于贫苦农民家庭，在剑桥大学时期他用不少业余时间去做家教，挣些钱寄给双亲。他于1858年成为剑桥大学天文学教授，1860年继查利斯任剑桥天文台台长。1881年，八旬高龄的艾里退休了，亚当斯被提名担任皇家天文学家，但他以自己年已62岁为由，谢绝了这一提议。

加勒比勒威耶晚出生一年，一直工作到83岁才退休。1910年98岁高龄的加勒与世长辞前几个月，再次看见了哈雷彗星。而在1835年哈雷彗星上一次回归时，他曾经专门研究过它。

关于海王星的发现权，时常会有人旧案重提，主要是质疑亚当斯是否有权分享发现者的殊荣。就像打一场官司那样，关键是要能够出示可靠的物证。当初，1846年11月13日，艾里在英国皇家天文学会宣读了一份文件，并被记录在案。他证实1845年秋天确实收到了亚当斯有关海王星的预告，并在第二年夏天发起一场寻找新行星的秘密行动。但令人惊奇的是，自从20世纪60年代中期以来，无论何时要求查阅这份文件，皇家天文台的图书管理员都会回答："此件不在馆内。"

如此重要的文件居然丢失了！这简直不可思议。图书管理员怀疑是天文学家艾根（Olin Jeuck Eggen，1919—1998年）窃取了它，因为艾根是已知曾经查阅该文件的最后一人。20世纪60年代早期，艾根曾担任皇家天文学家首席助理，后来移居澳大利亚和智利。他矢口否认占有这份文件。图书管理员怕他会狗急跳墙销毁罪证，因此未敢相逼太急。

30多年之后，1998年10月2日，艾根死了。同事们清点他的遗物，偶尔发现了一些遗失的文件，包括艾里当年宣读的那一份，还有不少来自皇家格林尼治天文台图书馆的极其珍贵的书籍。他们将这些材料寄还存放格林尼治天文台档案的地方剑桥大学图书馆，图书馆工作人员立即对它们做了备份。

亚当斯于1845年10月留在艾里信箱中的便条终于重见天日。它给出了假想行星的轨道要素，但没有提供理论计算的背景信息。艾里很快就给亚当斯写了一封信，但是亚当斯没有回复艾里所提的问题。2004年，人们在亚当斯的家庭文档里发现了一封致艾里的信函草稿，注明日期是1845年11月13日。亚当斯在信中声称打算描述自己的方法，并对早期工作提供一份简短的历史记述，但是写了两页便戛然而止，这封信也从未寄出过。

1846年上半年，亚当斯专注于研究一颗刚分裂为两半的彗星碎片的运动轨道。没有文件表明1846年6月底之前他仍在考虑天王星所受的摄动。此后，勒威耶的论文传到了英国。接下来，艾里建议查利斯进行搜索，亚当斯亦曾参与其事。8月4日和12日，查利斯两次记录到这个想要寻找的天体，却未能立即进行位置比较，从而错失了发现海王星的机会。9月29日，查利斯注意到那个天体"似乎有一个圆面"。然而一切都晚了，加勒已经走在前头。

人们根据种种细节得出结论：亚当斯的确完成了值得注意的计算，但同时代的英国人给予他的荣誉超过了他之应得。不管出于什么原因，亚当斯毕竟未能有效地将自己的研究结果告知同行们，更未能让世界周知。"对于海王星的发现，亚当斯不能与勒威耶享有同等荣誉。该荣誉仅属于这样的人，他不但成功地预言该行星的位置，而且说服天文学家心悦诚服地去寻找它。这一伟大成就只能属于勒威耶一人。"应该说，这是一个公正的评判。

海王星与太阳的距离不遵守提丢斯—波得定则。按这一定则推算，海王星到太阳的距离应该是38.8天文单位，但实际上只是30.1天文单位。从水星到天王星，这么多行星都"遵守"提丢斯—波得定则，这究竟是偶然的巧合，还是必然的规律？不少天文学家相信，这应该与太阳系起源和演化的历史有关，但持相反意见的人也不在少数。不过，所有的人都赞同：利用这个定则来帮助记忆行星到太阳的距离，确实是一个简便的好办法。

更遥远的行星

发现海王星的故事真是够精彩的，可还有精彩的在后头呢。

1846年发现海王星之后不久，勒威耶就说过："对这颗新行星（海王星）观测三四十年后，我们又将能利用它来发现就离太阳远近而言紧随其后的那颗行星。"

19世纪后期，就有天文学家开始寻找"海外行星"了。例如1877年，美国海军天文台的天文学家戴维·佩克·托德（David Peck Todd，1855—1939年）通过分析海王星轨道运动的偏差，预言离太阳52天文单位处应该还有一颗直径80 000千米的行星。他用目视方法搜寻这颗行星，结果无功而返。

将近20年后，又有两位美国天文学家做出了新的努力。他们是珀西瓦尔·洛厄尔（Percival Lowell，1855—1916年）和威廉·亨利·皮克林（William Henry Pickering，1858—1938年）。洛厄尔出身名门，家境富裕，他于1894年在亚利桑那州的弗拉格斯塔夫附近建造了一座私家天文台，那里空气洁净、夜晚晴朗，而且远离城市灯光。此后，他便在那里潜心研究所谓的火星"运河"和搜索"海外行星"——洛厄尔称它为"行星X"，直至与世长辞。洛厄尔的天文台开张时，皮克林曾协助其实施火星观测计划，但后来他成了洛厄尔寻找第九颗行星的竞争者。顺便一提，本书上篇已经谈到威廉·亨利·皮克林的胞兄、哈佛大学教授和哈佛天文台台长爱德华·查尔斯·皮克林。因此，在说到皮克林的时候要分外小心，别把他们兄弟两人的事迹搞混了。

1905年，洛厄尔及其同事开始对行星X进行第一轮搜索。他们用一架口径12.7厘米的折射望远镜拍摄天空照片，然后把不同时间拍摄的同一天区的两张照相底片稍微偏开一点上下重叠，并手持放大镜寻找相对于背景恒星显示出微小位移的天体。他一直干到1907年，没能做出什么发现。

1909年5月，洛厄尔对行星X做出预言：距离太阳47.5天文单位，公转周期327年，亮于13等星，质量为海王星的五分之二，但他并未公布这些结果。皮克林却公开发表了自己的预言：这颗行星离太阳51.9天文单位，公转周期为373.5年，质量约为地球的2倍，其视圆面直径约为0.8″，亮度在11.5～13等星之间。

1910年7月，洛厄尔的班底开始对行星X进行第二轮搜索。这次他们使用了"闪视比较仪"。这种仪器有一个快门，可用于极其迅速地交替取景，以至于眼睛几乎不能察觉视场从一张照相底片到另一张底片的快速转移。如果一个天体在不同的照相底片上有了位移，那么在快速变换视场时，该天体就会相对于整个恒星背景来回地闪动。这一轮搜索还是毫无建树。1915年9月，洛厄尔得出结论：这个天体必定暗于13等，用于搜索它的望远镜看来是太小了。

1916年11月12日，洛厄尔告别人世。直到13年以后，才有人重新以饱满的热情投入搜索行星X的工作。

"我为此不胜惊骇"

克莱德·威廉·汤博（Clyde William Tombaugh，1906—1997年）出生于海王星发现后整整60年。他少时家贫，没钱上大学念书。然而他酷爱天文学，便用散落在父亲农场里的机器部件自制一架望远镜，将它指向夜空……

1929年1月，汤博来到洛厄尔天文台工作（图80）。4个月后开始了对行星X的第三轮搜索。起初他仅仅负责照相，闪视比较仪的工作则由更富有经验的人——台长维斯托·梅尔文·斯莱弗（Vesto Melvin

Slipher，1875—1969年）和他的兄弟、天文学家厄尔·查尔斯·斯莱弗（Earl Charles Slipher，1883—1964年）承担。维斯托于1915年任洛厄尔天文台助理台长，1926年任台长直至77岁时退休，1969年在弗拉格斯塔夫去世，享年94岁。他的弟弟厄尔在洛厄尔天文台一直工作到81岁时去世。厄尔坚持行星摄影长达55年之久，作品清晰逼真，所拍摄的火星、金星、木星和土星照片均为传世珍品。

图80　青年时代的汤博在洛厄尔天文台工作

洛厄尔天文台为第三轮搜索安装了一架新的望远镜——口径33厘米的反射式天体照相仪，首先考察双子座中两个天区的照片。每张照相底片上的星像多达约30万个，要找出一个相对于群星有微小位移的星像，实在令人望而生畏。斯莱弗台长的信心减退了，他虽然继续指导汤博沿黄道带照相，却未进行足够的闪视比较。后来，此项任务移交给汤博独立进行。汤博日后回忆，想要找的行星就在那些底片上。

1930年1月23日和29日，汤博再次拍摄了双子座δ星附近的天区。2月18日下午4点钟，他看见有一个小星点正在闪视比较仪（图81）的视场中来回闪动。

"我为此不胜惊

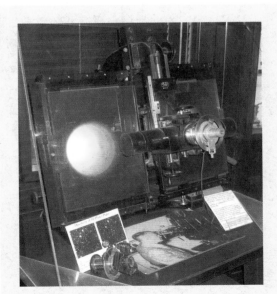

图81　汤博用来发现冥王星的闪视比较仪

骇。"后来汤博写道，"哦，我好好看了一下表，记下时间。这应该是一项历史性的发现……。接下来的45分钟光景，我处于有生以来从未有过的兴奋状态中……我尽力控制自己，尽量若无其事地走进他（斯莱弗台长）的办公室……'斯莱弗博士，我已经发现了您的行星X……我将向您出示证据。'……他立即冲向闪视比较仪室……"

斯莱弗决定加强观测，1930年3月13日他终于正式宣布发现了一颗海外行星。这一天正好是洛厄尔的75岁诞辰，又是威廉·赫歇尔发现天王星的149周年纪念日。接着，为新行星命名的建议便如潮水般地涌向了洛厄尔天文台。1930年5月1日，斯莱弗台长正式宣布将新行星命名为"普鲁托"（Pluto）——罗马神话中的地狱之神。这一名字是英国牛津一位11岁的女孩维尼夏·伯尼（Venetia Burney，1918—2009年）提议的，她觉得这很适合一颗永远处于幽暗、寒冷中的行星。在汉语中，这颗星定名为"冥王星"。

汤博发现冥王星以后，才于1932年获得堪萨斯大学的奖学金圆了大学梦，并于1936年取得学士学位，1939年获硕士学位。他在洛厄尔天文台工作到1943年，后来在新墨西哥大学任教，1965年起任教授，1973年起为荣誉教授，在90高龄时与世长辞。

冥王星与太阳的平均距离约59亿千米，即39.44天文单位，这不符合提丢斯—波得定则。它在轨道上运行的速度是4.74千米/秒，约248年绕太阳公转一周。冥王星公转椭圆轨道的偏心率高达0.248，超过先前所知的任何一颗大行星。这使冥王星在轨道近日点附近时，与太阳的距离比海王星到太阳还近。它最近一次过近日点是在1989年，一直到1999年，它都比海王星离太阳更近。

冥王星的直径约2 300千米，比月球的直径（3 476千米）还小。其质量仅为月球质量的18%，或约地球质量的0.22%。由于离太阳太远，冥王星的温度始终在-220℃以下。冥王星的平均物质密度约为水的2倍，水星、金星、地球和火星的物质密度都比它大，木星、土星、天王星和海王星的物质密度则比它小。

小个儿的一家子

人们起先一直以为冥王星没有卫星，但是情况在1978年发生了戏剧性的变化。那时，美国海军天文台为了更精确地测定冥王星的位置，开始在尽可能好的天气条件下拍摄冥王星的新照片。1978年6月22日，天文学家克里斯蒂（James Walter Christy，1938年生）发现，每张照相底片上的冥王星像都不对称地伸长了，而它附近的其他星像却并未伸长。他猜想也许冥王星有某种很不寻常的表面特征，或者有一颗卫星（图82）。接着，他又找到5张1970年的照相底片，它们是在一个星期里拍摄的。这些照片表明，伸长的部分以大约6天的周期绕着冥王星转动，这恰与冥王星的自转周期6.387天相当。克里斯蒂的同事哈林顿（Robert Sutton Harrington，1942—1993年）计算了这颗假想卫星的可能轨道，结果与该伸长物的位置变化几乎完全相符。同年7月6日，位于智利的托洛洛山美洲天文台用性能优良的口径4米反射望远镜拍摄的照片证实了上述发现。7月8日，国际天文学联合会正式宣布：冥王星有一颗卫星。20世纪90年代初，哈勃空间望远镜的观测更确切地证实了这一点。

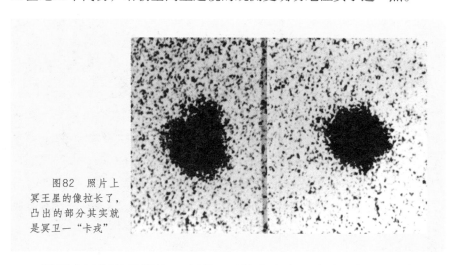

图82 照片上冥王星的像拉长了，凸出的部分其实就是冥卫一"卡戎"

根据克里斯蒂的提议，这颗卫星被命名为"卡戎"（Charon）——古希腊神话中在冥河上摆渡亡灵前往地狱的一名艄公。在汉语中，这颗卫星定名为"冥卫一"。冥卫一的直径约1 200千米，达冥王星直径的一半以上，其质量约为冥王星质量的1/10。这两个天体之间的距离约19 000千米，仅相当于月地距离的二十分之一。

冥卫一绕冥王星公转的周期是6.387天，恰与冥王星的自转周期完全相同。它是太阳系中唯一的天然"同步卫星"。从冥王星上看，冥卫一始终固定在它赤道上空的某一点。而且，冥卫一的自转周期又与其公转周期一样长，所以它始终以同一面朝着冥王星。冥王星的自转周期、冥卫一的公转周期以及冥卫一的自转周期这三者完全相同的"三重同步"现象，使冥王星和冥卫一仿佛就像两个人手拉手、面对面地跳舞，谁也见不到谁的背面。这在太阳系中又属独一无二。

然而，冥王星的公转轨道和海王星的轨道相交错，它的许多物理特征又和先前所知的八大行星都不一样，这就使一些天文学家怀疑：它究竟是不是一颗名副其实的行星？

例如，克里斯蒂等人在发现冥王星之后不久提出，冥王星原本是海王星的一颗卫星，曾有一个质量比地球大三四倍的外来天体，经过海王星的卫星系统，强烈的引力作用将冥王星从那里甩了出来，同时又从冥王星上拉出一大块物质形成了冥卫一，那个外来天体本身则跑到了离太阳很远很远的地方。但是，冥王星的颜色明显地比冥卫一红，而且冥卫一不像冥王星那样拥有甲烷雾，因此它们也许另有不同的起源。

与此相反，汤博认为冥王星拥有卫星这一事实，本身就表明它是一颗正宗的大行星，而不是海王星的什么卫星。2005年，哈勃空间望远镜发现了冥王星的两颗小卫星：它们的直径分别仅为32千米和70千米，到冥王星的距离分别约为44 000千米和53 000千米，大致是冥卫一到冥王星距离的2至3倍。2006年6月，国际天文学联合会用神话人物的名字分别将它们命名为"尼克斯"（Nix）和"海德拉"（Hydra），尼克斯原为古希腊神话中的黑夜女神，海德拉则为古希腊神话中的多头水蛇怪。在汉语中这两颗卫星被定名为"冥卫二"和"冥卫三"。2011年7月哈勃空间望远镜发现了冥卫四，2013年国际天文学联合会正式命名它为"刻耳柏洛斯"（Cerberus），这原是古希腊神话中看守地狱大门的三头犬的名字。2012年7月，哈勃空间望远镜又发现了冥卫五，它被命名为"斯提克斯"（Styx）——古希腊神话中流往地狱的冥河的名字。冥卫四和冥卫五的尺度都比冥卫二还要小得多。冥王星有这么多的卫星，完全超出了人们的意料（图83）。

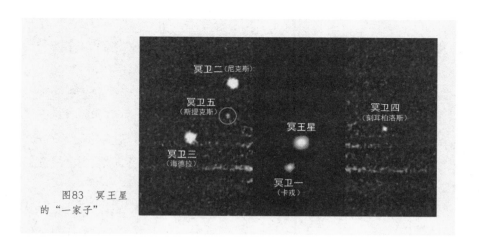

图83 冥王星的"一家子"

新视野的新发现

人们对遥远的冥王星知道得实在太少了，因此很有必要让宇宙飞船前去进行近距离的考察。2006年1月19日，美国国家航空航天局发射了"新视野号"冥王星探测器，其尺寸宛如一架大钢琴，重454千克。在太空中飞行将近10年、经过近50亿千米的漫长旅程，"新视野号"于2015年7月14日近距离掠过冥王星，给人们带来了关于冥王星及其卫星的许多新发现（图84）。

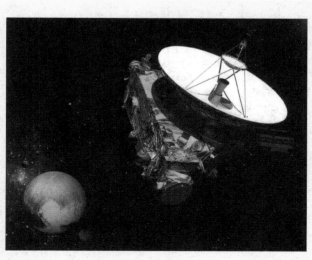

图84 "新视野号"飞越冥王星的艺术构想图，左下方是"新视野号"拍摄的冥王星图像。可以看到冥王星表面有一颗巨大的"心"，"心"的左半叶要比右半叶更亮些

在"新视野号"飞越冥王星时拍摄的图像上，有一个很惹人注目的特征被昵称为"冥王星之心"。这颗"心"分为左右两叶，左叶较为平滑，是一片被冰覆盖的高原。科学家们相信，在厚达150～200千米的左叶冰层下有一片水深约100千米的沙冰状海洋，其水量几乎与地球上的海洋相等！科学家们估计冥王星仍然保留着46亿年前形成时剩余的辐射热，其表面冰层又能有效地隔热，而且那里的水中含有氨等物质，这就足以使水保持液态，形成巨大的地下海洋。然而，那里不太可能有生命。

"新视野号"发现，冥王星表面地质活动的剧烈程度，某些地质构造的年代之新，都远远出乎科学家们的预料；冥王星的大气存在巨大的压力差，这意味着在冥王星表面可能曾经有过液体挥发现象，而目前人们仅在地球、火星和土卫六等几个天体上观测到这种现象；能够凭借陨星坑推断年龄的那些冥卫都是同时诞生的，这证实了科学家们的设想——这些卫星是远古时期由冥王星同另一个柯伊伯带天体剧烈撞击而形成的；"新视野号"传回的证据显示，今天的冥王星地表之下有可能存在内部海洋，而冥卫一赤道地区的特征则表明，在远古时期那里可能存在过冰海洋；冥卫一有一个暗红色的北极，这在太阳系其他天体上从未见过，也许那是从冥王星逃逸的大气物质重新聚集到冥卫一地表形成的……

翱翔在太空深处的"新视野号"不断传回令人激动的图像，然后它将不断深入"柯伊伯带"进行考察，继续前行而一去不复返。柯伊伯带原是美国天文学家柯伊伯（图85）在1951年为解释海王星轨道的微小变化，而设想存在于海王星轨道以外的一个带状区域，这一区域距离太阳40～50天文单位，可能包含了多达数十亿颗的彗星，同时还有许多小行星。位于柯伊伯带中的天体统称为柯伊伯带天

图85 "柯伊伯带"假说的
提出者——美国天文学家柯伊伯

体。如今普遍认为，柯伊伯带延伸的范围实际上比这更大，距离太阳约30～100天文单位。

柯伊伯带天体

自从1930年发现冥王星以来，"太阳系有九大行星"被写入了每一个国家的中小学教科书。而且人们还曾无数次地发问：太阳系中难道就没有"第十颗大行星"吗？

汤博于1930年发现冥王星之后，又花了十三四年的时间来寻找"冥外行星"。他依然使用闪视比较法，先后闪视比较了362对照相底片，它们覆盖的面积达全部天空的约70%，这些底片上的星像总数估计多达9 000万个！在此过程中，汤博有了大量的新发现，包括1 800多颗变星、将近4 000颗小行星（其中约40%是前所未知的）、大约30 000个河外星系……但就是没有发现"冥外行星"，也没有发现可供进一步搜寻冥外行星的线索。汤博的见解是：冥外行星看来并不存在。

热衷于寻找"第十颗大行星"的天文学家依然大有人在。他们在几十年中一而再，再而三地提出自己的设想、进行复杂的计算，努力为这颗想象中的行星"画像"。当然，各人为"冥外行星"描绘的图景会有很大的差别：它的大小、质量、亮度乃至椭圆轨道的偏心率和倾斜角度等都很难确定。另一方面，也许是提丢斯—波得定则的潜在影响依然在起作用，许多人对于冥外行星离太阳有多远的想法倒还比较一致：50～100天文单位，即与太阳相距75～150亿千米，绕太阳转一周估计需要500～1000年。

历史的车轮驶入了21世纪。2005年7月29日，美国加州理工学院的行星天文学教授迈克尔·布朗（Michael E. Brown，1965年生。图86）上演了戏剧性的一幕。那天下午，他向新闻

图86　美国天文学家布朗

界宣称："拿起你们的笔，从今天开始改写教科书。"意思是说他的研究小组已经发现了第十颗大行星！他们发现的那个新天体，按小行星的命名规则暂定名为2003 UB313。当时它距离太阳约97天文单位，即约145亿千米，位于"柯伊伯带"中。此前，天文学家首次发现一个柯伊伯带天体是在柯伊伯本人逝世将近20年后的1992年8月，那是一颗与太阳相距约44天文单位的小行星，其公转周期约290年，直径约160千米，暂定名1992 QB1。

2002年10月，布朗等人还曾宣布发现了一个直径约1 300千米的柯伊伯带天体。它是自1930年发现冥王星以后，迄当时为止在太阳系中发现的最大天体，比位于火星与木星之间的小行星带中的全部天体合在一起还要大。它比冥王星离太阳更远，轨道较冥王星的轨道更圆，与太阳相距约43天文单位，每288年绕太阳公转一周。后来，它被命名为"夸奥尔"—— 一个美洲土著部落的创造之神。太阳发出的光，要在太空中旅行5小时才能照射到夸奥尔身上。

2004年3月，还是这位迈克尔·布朗，宣布了又一项新发现：小行星2003 VB12正处在距离地球约129亿千米的地方，这相当于当时冥王星到地球距离的3倍。布朗将这个天体命名为"赛德娜"（Sedna）——因纽特人传说中的海神。它的直径约1 770千米，为冥王星直径的3/4，从而打破了夸奥尔的纪录，成为自冥王星之后迄当时为止在太阳系中发现的最大天体。赛德娜的颜色偏红，是太阳系中除火星以外最红的天体。它由岩石和冰块组成，其表面温度估计不会高于-240℃，这使它成为太阳系中已知最冷的星球。它沿着一条非常扁长的椭圆轨道环绕太阳运行，每转一周约需11 000年，估计其远日点距离太阳约1 300亿千米。目前它在轨道上正处于近日点附近，因而是从地球上观测它的好时机。

到2005年年底，人们发现的柯伊伯带天体已经近千；其中直径上千千米的有10来个，约占总数的1%。据信，直径1～10千米的柯伊伯带天体为数可能多达10亿，直径超过50千米的或许会有7万颗，它们的总质量可能达到地球质量的10%～30%。另一方面，我们也不能完全排除存在大小与火星或地球相仿的柯伊伯带天体之可能性。柯伊伯带天体可能是太阳系形成之初的残留物，它们可以为探索当初的环境条件提供有益的线索。

是第十颗大行星吗

人们还发现了好些个头较大的柯伊伯带天体。不过，最著名的还是2003 UB313，它的直径约2 400千米。作为对比，读者不妨记住：月球的直径是3 476千米。2003 UB313的公转轨道是一个长长的椭圆，近日距约35天文单位，即约53亿千米，公转周期约557年。2003 UB313的公转轨道平面和地球公转轨道平面（即黄道面）相交成45°角，以往天文学家很少沿那个方向去寻找太阳系中的新天体，因而没能更早地发现它。2003 UB313的直径或许略大于冥王星，因此迈克尔·布朗说：如果冥王星也能称为行星的话，那么2003 UB313完全可以归入行星之列，"我们发现的这一颗应该算是太阳系的第十颗大行星"。

2003 UB313究竟能不能算作"第十颗大行星"？天文学家产生了严重分歧。美国国家航空航天局的一份官方声明强烈支持将它称为第十颗行星；相反，国际天文学联合会小行星中心当时的负责人布赖恩·马斯登（Brian Geoffrey Marsden，1937—2010年）却宣称，按照"冥王星倘若算作行星的话，那么大小和它相仿的其他天体也都应该称为行星"的逻辑，那么2003 UB313应该算是行星，但是它却要排在以前发现的一系列这类"行星"之后，而不能称为"第十颗"。

布朗小组本来打算待完成所有的研究后，再公布有关2003 UB313的情况。不料，一名黑客攻破他们的网站，获取了数据，并扬言要将"新行星"的内容公之于众，这才迫使布朗他们提前宣布了新发现。

柯伊伯带真是一个神奇的地方，本书作者在2006年曾情不自禁地为它写下了一曲《柯伊伯带咏叹调》：

在那遥远的天界

比大地到太阳还远百倍的地方，

无数原始的冰岩组成了一个环——

"新视野"行将探访的柯伊伯带。

你看带中的那些冰岩啊，
正环绕着太阳奔波不息，
浩浩荡荡、万古不怠。

那些冰岩的身量不大，
就连它们的"体重冠军"
也难和我们的月球比肩。

那些冰岩的长相各异，
只有"重量级"中的少数佼佼者
才具备圆球形状的外观。

那里，永远是寒冷和黑暗，
阳光的余威微乎其微。
然而，那些古老的冰岩啊，
却在折射太阳系发端时的事态。

这，正是它们令人崇敬的原委。
或许，你已经知晓
普鲁托也正在柯伊伯带中盘桓，
连同它那忠诚的艄公卡戎。

而今，在那里
一众与普鲁托同等级的伙伴正在露头，
这可忙坏了天文学家——
有人正为它们的排行操心，
有人想为它们的身份正名：
哎呀，这冥王星究竟为啥不是一颗大行星？！

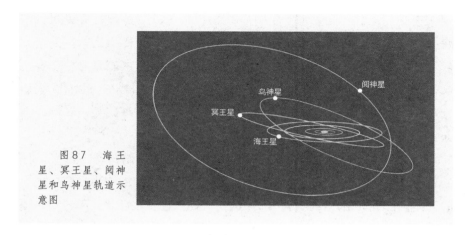

图87　海王星、冥王星、阋神星和鸟神星轨道示意图

究竟什么是"行星"？

2003 UB313究竟算不算一颗新的大行星？

应该说明，"行星"和"大行星"其实是一回事，"小行星"则是与之不同的另一类天体。人们在"行星"前面添上一个"大"字，是为了强调它们不是小行星。2003 UB313究竟算不算大行星？马斯登认为，迄2005年底为止，柯伊伯带中已知有12个较大的海外天体，加上赛德娜和谷神星，连同现有的九个行星，如此算来，太阳系就有23颗"行星"了。如今人类探测的范围尚不足太阳系的1%，有天文学家估计，太阳系里像冥王星那么大小的天体不会少于1 000个。这样的话，我们的子孙后代将会面临多得不可胜数的太阳系"行星"，这简直让人难以接受。

那么，究竟什么是一颗"行星"呢？说来有趣，天文学家对如此"简单"的问题竟然迟疑不决了。确实，要给"行星"下一个精确的定义，并不像乍一想得那么简单。其实，这种情况在科学中并非绝无仅有。例如，什么是"大陆"？格陵兰或者马达加斯加是一个"大陆"吗？人们多半会回答："不，它们只是一些大的岛屿。"那么，澳大利亚是一个"大陆"吗？通常的回答是："是的，它是一个大陆。"但也有地理学家认为，澳大利亚只是一个比格陵兰更大的岛屿而已。大陆和岛屿的分界线究竟何在呢？与此类似：山脉和丘陵、石块和沙子、江河和溪涧，它们之间有严格的界线吗？

要把行星和小行星断然分开，恐怕也很难办。曾经有人设想，不妨为行星的直径规定一条底线，例如2 000千米。这样的话，冥王星就依然是一颗行星，2003 UB313也可以跻身行星之列，而夸奥尔、赛德娜等则和谷神星一样，都只能算作小行星。但是，倘若有朝一日，人们发现一个直径1 990千米，甚至1 999千米的天体正在环绕太阳转动，那么它也只能算作一颗小行星吗？这不是太牵强了吗？

因此，另一些天文学家不赞成人为地按大小来给行星下定义。他们提议，在太阳系中，任何质量足够大、因而被自身的引力挤压成球形的天体，都有资格作为大行星的候选者：如果它直接环绕太阳转动，那就是一颗行星，例如地球、冥王星、赛德娜等；如果它绕着一颗比它更大的行星转动，那么它就只是一颗卫星，例如卡戎、月球、土卫六等。

但是，这样的话，谷神星、智神星等五六颗小行星也将"晋升"为行星了。太阳系中新"提拔"的行星达20来颗之多，恐怕同样难以让人接受。

给行星下更确切的定义，必须既尊重历史、又预见未来，既立足科学、又兼顾文化。2006年8月，国际天文学联合会终于为这道难题做出了决议，其要点是：

一颗行星必须满足三个条件：（1）它的质量必须足够大，以至于其自身的引力足以使它的外形大致接近球状；（2）它必须环绕一颗恒星运行；（3）并且它已经清空其轨道附近的区域（这意味着同一轨道附近只能有一颗行星）。太阳系中已知的8颗行星都满足这些条件。另一方面，冥王星、2003 UB313等虽然接近球状，并且环绕太阳运行，却未能"清空其轨道附近的区域"。它们身处柯伊伯带中，那里的其他天体还多着呢！为此，国际天文学联合会的决议新设了"矮行星"这一分类，它满足上述的条件（1）和（2），却不满足条件（3）。除了冥王星和2003 UB313，谷神星也应划归这一类。至于还有哪些天体应该取得"矮行星"的身份，则有待于国际天文学联合会逐一界定。

连矮行星都算不上的，环绕太阳运行的其余所有天体，都可以明确归入"太阳系小天体"这一类。行星、矮行星、太阳系小天体这三个大类中，还可以有不同的次类，例如太阳系小天体中就包含了彗星、绝大多数小行星，以及柯伊伯带中的许多天体。

阋神星的故事

2006年9月13日，国际天文学联合会将2003 UB313正式命名为"厄里斯"（Eris），这原是古希腊神话中纷争女神的名字，她抛下了引起纷争的金苹果，最终导致了惨烈的特洛伊战争。布朗本人也认为："这是一个完美得让人无法拒绝的名称"。那么，在汉语中又该如何为2003 UB313定名呢？

希腊语中Eris一词的意思就是"纷争"。相传纷争女神厄里斯因为未被邀请参加珀琉斯和忒提斯的婚礼，就暗中向客人们扔下一个金苹果，上面写着"送给最美丽的女神"。大神宙斯的妻子赫拉、智慧女神雅典娜以及爱与美的女神阿佛洛狄忒（她相当于罗马神话中的爱神维纳斯）都认为自己最美，金苹果应该属于自己。为此，她们请特洛伊王子帕里斯来评判。阿佛洛狄忒向帕里斯承诺，要让世上最美丽的女人成为他的妻子。结果，帕里斯就把金苹果判给了阿佛洛狄忒。后来，阿佛洛狄忒帮助帕里斯拐走了斯巴达国王墨涅拉俄斯的妻子——极其美貌的海伦，引起希腊诸王协力远征特洛伊。厄里斯就是导致特洛伊战争的祸首。

在汉语中怎样为矮行星Eris定名，关键在于其汉语名是以音译为好，还是意译为妥？音译为"厄里斯"比较简单，也容易让人联想起它的由来和外文原名。但是两个世纪以来，那些较大或特别有名的小行星，在国际上都以神话人物命名，在汉语中又总是以"某神星"的模式定名的。例如，第1号小行星Ceres定名为"谷神星"、第2号小行星Pallas为"智神星"、第8号小行星Flora为"花神星"、第433号Eros为"爱神星"等，都是根据相应神话人物的身份或行为而定名的。因此，矮行星Eris亦以意译定名为好。

女神厄里斯最出名的特征在于惹是生非、胡闹添乱。于是便有了将矮行星Eris定名为"闹神星""乱神星""阋神星"等不同建议。"阋"的含义是"争吵，争斗"，所谓"兄弟阋于墙"，就是"兄弟相争于内"的意思。2007年6月，我国的天文学名词审定委员会正式决定，将矮行星Eris的汉语名定为"阋神星"，社会各界一度对其汉语称谓无所适从的局面就此告终了。现在已知阋神星有一颗卫星，称为阋卫一。

后来，又有两个柯伊伯带天体被认定为矮行星（图88），即鸟神星

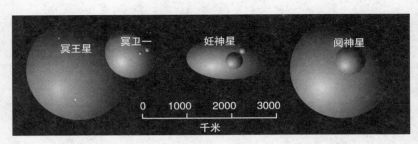

图88　几颗矮行星的比较

（Makemake）和妊神星（Haumea）。鸟神星起初暂定名为2005 FY9，小行星编号136472，其直径约1 500千米，大致相当于冥王星直径的2/3。2016年4月26日，天文学家宣布根据哈勃空间望远镜的观测发现鸟神星有一颗卫星——鸟卫一，其直径约170千米，距离鸟神星约21 000千米。妊神星起初暂定名为2003 EL61，小行星编号136108，它大致呈三轴椭球体状，长、中、短三轴分别长1 960千米、1 518千米和996千米。现已发现妊神星有两颗卫星：妊卫一和妊卫二。

　　如果你在柯伊伯带中继续远行，将会看到一种奇怪的现象：在穿过布满冰岩的柯伊伯带天体后，突然间那里几乎变得一无所有了。

　　天文学家们称这个边界为"柯伊伯带悬崖"。那里的冰岩数量为什么会突然下降呢？看来，那里还应该有一颗较大的未知行星——人们又称它为"行星X"了。它不是像赛德娜这样的"小朋友"，而是类似于地球或火星那样的"大家伙"，是它的引力摄动清除了柯伊伯带外侧的碎片。不过，尽管这样的行星可以造成柯伊伯带悬崖，人们却没有见过这个预言中的"行星X"。

太阳王国的疆界

　　太阳系的概念，是16世纪哥白尼提出日心地动学说之后逐渐形成的。如今我们知道，太阳系是一个以太阳为中心的天体系统，其中有8颗行星，若干矮行星，大批的小行星和彗星，它们各沿自己的轨道环绕太阳运行；多数行星又有为数各不相同的卫星绕之转动，月球就是我们地球的卫星。太阳系宛如一个巨大的"王国"，那么这个"王国"的疆域究竟有多大，它的边界究竟又在何处？

冥王星与太阳的平均距离约39.5天文单位，包括阋神星在内的许多柯伊伯带天体比冥王星更加遥远。柯伊伯带往外延伸到离太阳约100天文单位处，就到了柯伊伯悬崖。那里是不是太阳系的边界？莫非再往外就离开太阳王国了？

这种情景，不禁令人想起法国天文学家弗拉马利翁（Nicolas Camille Flammarion，1842—1925）的传世杰作《大众天文学》（1879年）中那诗一般的话语："海王星虽然是我们现今所知道的最外边的一颗行星，我们却没有权力断定它以外就没有别的行星：

你以为一切都已经发现？
那真是绝顶的荒谬；
这无异把有限的天边
当作了世界的尽头。"

天文学家没有把柯伊伯悬崖当作世界的尽头。例如，有一种新潮的太阳系形成理论认为，行星是由尘埃粒子逐渐聚集而形成的。在太阳系形成之初，这些"尘球"先是增长到小行星那么大，其中有一些还会继续增大，并开始呈现出明显的引力。它们吸引附近的物质，使自己的质量迅速增长到像一颗大行星。它们被谑称为"寡头①行星"，因为它们的引力对周围的小物体起着寡头般的支配作用。按照这种理论，太阳系诞生之初，大约有60来个岩质的寡头行星。它们彼此之间的引力影响致使运动轨道的形状和大小不断变化，从而进入一种混沌状态。经过大量的碰撞和并合，终于形成了今天的大行星。其中有几个变得十分巨大，因而具有特别强大的引力，它们吸引了大量气体，成为木星、土星这样的巨行星。

太阳系外围有些寡头行星，在错综复杂的引力相互作用中被甩向远方，但它们仍然受到太阳引力的控制。其结果是在离太阳成千上万天文单位的巨大轨道上，剩下10来颗地球或火星大小的寡头行星，以不同

---

① 寡头：掌握政治、经济大权的少数巨头。

的倾斜角度绕着太阳转动，每转一圈历时需几万年甚至上百万年之久。那么，在离太阳如此遥远的地方，是否当真隐藏着一批像地球或火星那样大小的天体呢？且让我们拭目以待吧。

大多数彗星的轨道都拉得很长，有些彗星的远日距可以达到成千上万个天文单位。还有一些彗星的轨道甚至是抛物线或双曲线，它们绕过近日点以后就离太阳越来越远，最终进入星际空间，一去而不复返。1950年，荷兰天文学家奥尔特（Jan Hendrik Oort，1900—1992年）发现，彗星轨道的半长径以3～10万天文单位的居多，它们的轨道平面取向几乎是随机的。他由此推断，在距离太阳3～10万天文单位处有一个庞大的彗星"储库"，那里有数以万亿计的彗星，沿着各自的轨道缓慢地绕着太阳运行，几百万年甚至几千万年才绕太阳转完一圈。这个彗星"储库"就称为"奥尔特云"（图89），它宛如包裹着太阳系的一个巨大球

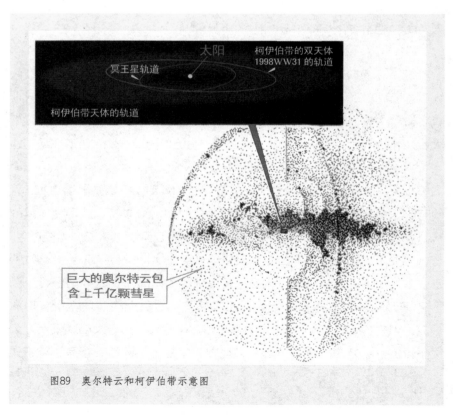

图89　奥尔特云和柯伊伯带示意图

壳，太阳就在球心处。奥尔特云中的彗星数量固然惊人，但它们的总质量仅相当于几个地球而已。天长日久，总会有其他恒星从奥尔特云附近路过。这时，过路恒星的引力就会干扰奥尔特云中彗星的运动，有一些彗星就会偏离原先的轨道，向太阳系内部驰来。同时，奥尔特云中的彗星彼此近距离相遇，也有可能导致它们的运动速度和方向发生变化，甚至驰向太阳。这些彗星经过地球附近时，即可为人们所见。

我们已经知道，离太阳最近的一颗恒星是位于半人马座中的"比邻星"，它与太阳相距4.22光年，相当于约27万天文单位。可见，奥尔特云已经离其他恒星的"势力范围"不远了。

非常有趣的是，通过一条截然不同的途径，人们推测太阳拥有一颗尚未被发现的暗伴星——一颗质量和体积都比太阳小、发光能力也比太阳弱的恒星，它与太阳组成了一个双星系统。导致这一结论的线索是：

过去2亿多年间，地球上有过多次全球性的生物集群绝灭，它们似乎具有2 600万年的周期。生物集群绝灭必然是环境剧变造成的，因此要寻找周期为2 600万年的环境剧变的起因。有一种推测就是太阳有一颗伴星，正在拉得极长的轨道上以2 600万年为周期环绕太阳转动。根据运动周期，可以推算出它与太阳的平均距离应为88 000天文单位，即约1.4光年。它的轨道远端深深栽入奥尔特云中；而在它经过近日点附近时，则会酿成置地球上众多生物于死地的环境剧变。人们称这颗伴星为"尼米西斯"（Nemesis）——古希腊神话中的复仇女神（图90），并希望能用空间红外探测等先进技术找到它。

图90　古希腊神话中的复仇女神尼米西斯

综上所述，可见太阳王国的疆界并不像地球上截然分明的国界。随着离太阳本身越来越远，太阳的引力影响便越来越小。太阳系的边界应该划在太阳同其他恒星的引力影响彼此势均力敌的地方。显然，这在不同的空间方向上是互不相同的。况且，所有的天体都在不停地运动着，它们相对于邻近天体而言的"势力范围"当然也在不断消长。因此，太阳系的边界其实无时无刻不在变化，我们又何必非要强求为太阳王国划一条精确的"国界线"呢？

元代杰出的科学家郭守敬

　　这是特地给少年朋友们讲的故事，它的主人公郭守敬（1231—1316年）是元代杰出的天文学家和水利专家，同时他又是一位地理学家、测绘学家和机械工程专家。

　　郭守敬是邢台（今河北省邢台市）人。祖父郭荣学识广博，守敬从小深受他的影响。十几岁时，郭守敬跟随祖父的朋友刘秉忠等几位博学的师长学习，为日后的科学事业打下了良好的基础。

　　郭守敬很早就显示了科学才能。他十五六岁时就复原了一件名叫"莲花漏"的科学仪器。1262年，31岁的郭守敬初次觐见元世祖忽必烈就提出六条水利工程建议，并从此致力于水利建设，完成了修浚西夏古河渠等多项重要任务。45岁时，郭守敬开始全力投身天文事业。他创制了许多新的天文仪器，亲自领导全国性的大规模天文观测，参与负责制定新的历法——"授时历"，并写下大量关于天文、历法的著作。1291年，60岁的郭守敬重新领导水利工作，两年后从大都（今北京市）到通州（今北京市通州区）的运河——通惠河竣工通航。

　　郭守敬是那个时代世上罕有的卓越科学家，他为祖国的繁荣进步奉献了自己的一生，他是我们中华民族的骄傲。

图91　邢台市郭守敬纪念馆铜像

勤奋好学的少年

公元13世纪前后的中华大地，狼烟遍野，烽火连天。

金国大举入侵，偏据一隅的南宋小朝廷中"主战派"与"主和派"的斗争异常激烈。正在此时，在金国北边的蒙古高原上，刮起了一股强劲的旋风。这股旋风的中心人物铁木真，1162年诞生在一个蒙古贵族家庭中，少年时代遭到一连串的厄运，渐渐积累了斗争的经验。1206年，铁木真统一蒙古各族，被推为全蒙古的大汗，尊称成吉思汗。"汗"的意思是"王"，"成吉思汗"的意思是"拥有四海的王"。他于1227年剿灭了西夏，同年在西夏境内病逝。

成吉思汗死后，三儿子窝阔台继任大汗，灭了金国。1271年，成吉思汗的孙子忽必烈建立元朝。在元世祖忽必烈的猛烈进攻下，南宋于1279年灭亡，忽必烈建立起一个疆域空前辽阔的元帝国。它东南临海，西到今天的新疆，西南包括西藏、云南，北面包括西伯利亚大部，东北直达西伯利亚东面的鄂霍次克海，领土之辽阔超过了我国历史上的汉唐盛世。

在华北平原的西侧，离太行山东麓不远，如今河北省的西南部，有一座历史名城——邢台市。在元朝时，它是邢州（后改称顺德府）的一个县，即邢台县。早在1220年，成吉思汗的金戈铁马就攻占了它。

当时，邢台县有户姓郭的人家，主人名叫郭荣，他通晓中国古代的文史典籍，擅长数学、天文、水利等多种学科，经常和当地的好学之士切磋治学之道。

1231年，郭荣膝下添了一个小孙儿，取名郭守敬，字若思。郭守敬跟随祖父长大，不但每天用心读书，而且热衷于观察各种自然现象，有时还自己动手做一些有趣的小玩意儿。

在邢台西南方，有一座风景秀丽的紫金山，当时一些读书人时常前往那里，避开嘈杂的环境潜心学习。郭荣有一位名叫刘秉忠的朋友，也是邢州人，原名刘侃，年轻时曾出家做和尚，法名子聪。后来，子聪和尚经一位颇受蒙古人信任的海云禅师介绍，觐见忽必烈，受到忽必烈的器重。子聪当官以后，就用刘秉忠这个名字了，他精通天文、数学、历法、地理、音律及中国古代经籍，非常有学问。在郭守敬十多岁的时候，刘秉忠因父亲去世，回家守丧三年。这期间，他和老朋友张文谦、张易等一起在紫金山读书。

郭荣看到孙子郭守敬有望成材，便让他到紫金山去跟随刘秉忠学习。郭守敬认真刻苦，在天文、数学、历法等方面都有很大长进。而且，刘秉忠那里另有一位比郭守敬还小四五岁的少年王恂。在朝夕相处、奋发学习的生活中，两位少年结下了深厚的友谊。后来，他们都成了我国历史上出类拔萃的科学家，而且在天文历法工作中密切合作，共同取得了巨大的成就。

在这一时期，郭守敬充分显示了科学方面的才能。

大约是1246年的一天，郭守敬得到一幅奇妙的图，上面写着"莲花漏"等字样。他知道莲花漏是一种计时仪器，最初是北宋科学家燕肃对古代的"漏壶"做了改进创制的。莲花漏曾经广泛流传过，但由于连年战乱的严重破坏，到了郭守敬的时代，莲花漏已经十分

图92　郭守敬的师长刘秉忠曾跟从忽必烈30余年，对元代初期经济、文化的恢复和发展有很大的贡献

图93　北宋燕肃莲花漏示意图

罕见了。

少年郭守敬注视着面前的莲花漏图，决心要搞清楚它的原理，弄明白它的制作方法。莲花漏图上部有几个漏水的水壶，水流入下部的"箭壶"里，箭随壶中水位的升高而逐渐上升。人们只要观看箭杆上刻的数字，就可以知道现在是什么时间。因为水壶的某些部分和箭都制成了莲花和莲叶的形状，所以整个仪器获得了"莲花漏"的名称。

郭守敬仔细研究图中的每一个部分，渐渐窥透了其中的奥妙。原来，要使箭壶里的水位平稳地上升，从上面的水壶往箭壶里注水的速度就必须均匀。而要使水壶以均匀的速度往下漏水，壶中的水面高度就要保持不变……

少年郭守敬锲而不舍，终于无师自通，仅靠一幅图就弄明白了一件科学仪器的道理。这可真不是容易的事情啊！

郭守敬还仿照古代流传下来的图样，用竹篾扎制了一个"浑天仪"。在晴朗的夜晚，他常常用它来观测星空。哦！那颗是牛郎星，那颗是织女星，那颗是北极星……小守敬对高远广漠的星空入了迷。

除了对天文学有浓厚兴趣外，郭守敬还对地理以及其他科学都发生了兴趣。南朝郦道元的《水经注》，北宋沈括的《梦溪笔谈》，都是他爱不释手的书籍。

水利工程初显身手

在金朝的时候，古城邢台人口稠密，经济发达。连年战乱使那里的人丁外流，农业极度衰退，到了郭守敬少年时代，竟只剩下"五七百户"人家了。

和刘秉忠一起在紫金山读书的张文谦等人，后来陆续出山到朝廷做官。张文谦对天文和水利都颇有研究，他向忽必烈建议，委派一些为人清正又有能力的官吏到邢州去用心治理，做出榜样，让其他地方学习借鉴。忽必烈采纳了他的建议，便派张耕、刘肃等人前往邢州。张、刘二人到任后，努力想法使农民回到田地上，安心从事耕作，恢复生产。

张耕、刘肃很明白，要发展农业就必须兴修水利。他们到邢台后，就着手规划水道的整治工作。邢台城北有三条河：一条是野狐泉，一条是达活泉，还有一条潦水。野狐、达活两泉下游合并成一条鸳水，郭守敬的祖父郭荣因此而自号"鸳水翁"。上述三条河原来都有堤堰，后来被冲溃。河水突入城内留下许多泥潭，百姓们的生活就很不方便。三条河上原有三座桥，中间达活泉上的那一座是石桥，后来渐渐被淤泥淹没，最后完全看不见了。

张耕和刘肃邀请年轻的郭守敬到城北现场考察，为修建新石桥和疏浚河道出谋划策。

那一年，郭守敬才20岁。他欣然接受张耕和刘肃的邀请，立即投入工作。为了使整个工程顺利地展开，他虚心向有经验的长辈们求教，详细测量那一带的地形，查清水势，分划沟渠，核算工时，做了周密的规划。

疏浚工程开始了，郭守敬指挥人们将三条水分别沿各自的河道引向下游。他根据水流的情况和周围的环境，告诉人们应该在什么地方架桥。当人们按郭守敬的指点在那里施工时，竟把已经淹没大约30年的石桥旧基也挖了出来。人们深感惊讶：石桥淹没时郭守敬还没有出生呢！其实，他在制订计划前，已经通过查阅州县志和调查访问知道那里有座石桥了。

石桥修好后，郭守敬又率人填补堤堰上的决口，使农田灌溉更方便了。由他规划设计的这项工程，总共只用400多人干了40天就胜利完成了任务。几十年的老问题终于解决了，乡亲们乐在心里，夸在口上，就连流淌的河水也好像在快活地歌唱呢！

那时，有一位杰出的文学家，名叫元好问，特地为这次工程写了一篇《邢州新石桥记》，文中专门提到"里人郭生立准计工"，意思是说，当地一位姓郭的读书人规划标记、计算工作量。这位"郭生"，就是郭守敬。

整修西夏古河渠

水，是一种伟大的自然力量。它是大地的动脉，生命的源泉。性情温和的水可以为山河增添迷人的风采，使沙漠变成瓜果常鲜的绿洲；狂野激怒的洪水又可以摧毁周围的一切，给人们造成巨大的灾难。人类应该尽最大的努力，使水成为自己的好朋友。

在历史上，每一个认真治理国家的君王，都不会对水利建设掉以轻心。元世祖忽必烈就是一位这样的皇帝（图94）。他定都中都（今北京）后，看到连年战争严重破坏了附近的河渠水道，便决定召集一些专家，负责兴修水利，整治河道。

图94 忽必烈于1271年定国号为"元"，翌年将都城从中都迁到大都。中国台北故宫博物院藏画

很受忽必烈信任的张文谦深知郭守敬在水利方面的才能，便向忽必烈推荐，说郭守敬熟悉水利，他的巧妙主意没人比得上。正好，忽必烈需要的就是像郭守敬这样的人。

1262年（中统三年），元世祖在上都开平（今内蒙古自治区多伦附近）召见郭守敬。郭守敬第一次觐见皇上，难免会有点紧张。但是，丰富的学识使他胸有成竹，对答如流。他当面向忽必烈提出六条有关水利工程的建议，它们主要包括四个方面的内容。

郭守敬的第一条建议是修复从中都到通州（今北京市通州区）的漕运河。今天的北京在辽国的时候称为"燕京"，金朝初年名称未变，但后来改称"中都"。忽必烈执政之初仍称中都，1267年（至元四年）他开始兴建新的皇城、宫殿、王府、都城等，历时20余年形成新的帝都，称为"大都"。1285年（至元二十二年）忽必烈下诏，任官职者和富有者可优先迁入大都，大量平民仍留在中都旧城。当时旧城在人们心目中仍然很重要，常与新城并称"南北二城"。

第二条和第三条建议，是郭守敬为家乡考虑怎样修渠有利于农田灌溉等事项。他建议把城北的达活泉引入城中，使它分成三条渠，再从东面流出城浇灌田地。先前的邢州这时已升格为顺德府，那里有一条澧河，往东流到故任城时因泥沙淤积而改道，淹没农田1 300多顷。郭守敬向忽必烈解释道，如果把失修的河道整治好，那么不但田地可以耕种，而且澧河水也可以和滹沱河会合，再进入御河（今卫河，在山东省临清与大运河合流），船只就可以在这些水道中通行无阻。

第四条建议关系到磁州（今河北省磁县）、邯郸一带的水利建设。如果在磁州东北滏水和漳水合流处引一支水通往澧河，那么沿途将可以灌溉3 000多顷田地。

第五条和第六条建议，谈的是合理利用中原地带的沁河河水，以及黄河北岸的水道建设。郭守敬认为，怀州（今河南省沁阳市）、孟州（今河南省孟州市）一带的沁河虽然灌溉了农田，但还有漏堰的余水。如果使它与丹河的余水相合，向东引流注入御河，那么一路上又可以灌溉农田2 000多顷。另外，在孟州西面修一条水渠，把黄河水引进来，让它从新旧孟州城之间流过，直到温县南再重新流入黄河。这样，也可灌溉田地2 000多顷。

郭守敬的建议都是经过仔细查勘后提出的，因此能把它们的好处说得清清楚楚。元世祖忽必烈听得非常高兴，连连点头赞许，并夸奖道："任官职的人如果都像郭守敬那样兢兢业业，用心于事，那才不是摆摆样子吃闲饭啊！"

于是，忽必烈立即任命郭守敬为"提举诸路河渠"，负责掌管各地河渠的整修、管理等事宜。1263年（中统四年），郭守敬又升任"银符河渠副使"。

1264年（至元元年），政府计划修复原西夏黄河河套平原（今甘肃、宁夏一带）的河渠。这里的旧渠中，最大的两条名叫"汉延""唐来"（亦作"唐徕"），位于如今的宁夏回族自治区银川市一带。汉延渠长约250里，唐来渠长约400里，可以灌溉很大面积的农田。此外，在黄河两岸还有许多较小的河渠，为当地人民带来了很大方便。由于战争的破坏，大部分渠道都废坏淤浅了。忽必烈把修复西夏河渠的任务交给了张文谦和郭守敬。张文谦和郭守敬先去西夏巡视一周，然后计划兴工修建。

巧思过人的郭守敬提出了"因旧谋新"的独特方案，也就是以原有河渠故道为基础，进行疏通、修理、更新。当地百姓看到郭守敬前来治河无不欢欣鼓舞，积极支持，工程进展很顺利。前后3年中，除唐来、汉延外，还有其他10条长度不下200里的正渠，和68条大小支渠变得畅通无阻。这些修复的渠道，总共可灌溉农田"九万余顷"。眼望着渠水滚滚而来，人们喜悦的心情真是难以用笔墨形容啊！

疏浚汉延、唐来等河渠，需要调节河水的流量，郭守敬为此设计和修建了许多水坝水闸。水坝上的有些桥梁，直到明朝中期还留存着。此后几百年间，汉延、唐来两条大渠多次重修，基本上还是采取郭守敬所用的方法。当地居民为纪念郭守敬修复旧河渠的功绩，在他还活着的时候就在渠上建了纪念祠。

郭守敬在修治西夏旧渠时，望着黄河之水滔滔奔流，想起了李白的著名诗句"黄河之水天上来"，渐渐产生了亲自查探黄河之源的念头。他的同僚和朋友觉得，到荒无人烟的崇山峻岭中去探溯河源实在太冒险。可是，郭守敬认为，要搞好黄河水利，就应该弄清楚黄河水的来龙去脉。探寻河源虽然危险，却对国计民生有利，这种冒险值得一试。

历史上，也有过一些河源探险的故事。但那只是一些使臣、将军途经这一地区，顺便做些查探。专门试图以科学考察为目的探查黄河源头，郭守敬可算是第一人。郭守敬为此曾沿黄河故道逆流上溯数百里，但最后因水流过激，工具简陋，只得中途返回。他对所经地区的地形进行了考察，对沿途有利于兴修水利、灌溉农田的地方都做了记录。

黄河源头究竟在哪里？直到中华人民共和国成立后，组织多次考察，才终于查明黄河源是青海省巴颜喀拉山北麓的卡日曲（约东经96°，北纬35°）。

郭守敬修完西夏河渠，在回京途中考察各地的水利灌溉情况，特地率队坐船沿黄河河套顺流而下，经过四天四夜，一直航行到大同府的东胜（今内蒙古自治区的托克托县），肯定了这段水路完全可以通航。从河套地区往京城运送粮食，走这段水路要比在崎岖的陆路上颠沛方便得多。

郭守敬回京不久，又提出增辟中都水源的重要建议。他想到，金代曾在燕京西面的麻峪村，分引泸沟（元代称为"浑河"。今永定河，图95）一支水向东穿出西山。河水的这个出口就叫"金口"。这股水灌溉了金口以东、燕京以北的许多良田。但自从蒙古兴兵伐金以来，守土官吏唯恐河水泛滥，却用大石块把金口堵死了。要是察看旧迹，使水流通，那么上游就可以输送西山的木材，下游又可以扩展京师的水运，实在称得上一举两得。

不过，泸沟的河水含沙量很大，在冬天和春天雨水少的时候，泥沙容易沉积；夏天和秋天的洪水季节，汹涌的河水又常常泛滥成灾。它太令人难以捉摸了，因此古人又称它为"无定河"。郭守敬考虑到这一点，又提出应该在金口以西预先开好"减水口"，用来削减水势，被引

图95 横跨在永定河上的卢沟桥。图中右下方是宛平城，1937年7月7日，日军侵华的"卢沟桥事变"就发生在这里

开的那部分河水先流向西南方，然后再流回泸沟。当然，水道必须开得又深又宽，以防水势大涨时造成灾害。

这时忽必烈定都中都未久，正需要进一步发展中都地区的水路运输和农田水利，于是批准了郭守敬的建议。1266年年底，开金口、引泸沟的工程按计划进行。这条河疏浚恢复后，对京西农田灌溉起了一定的作用。

1271年，郭守敬被任命为都水监。1274年，忽必烈派大将伯颜南下大举伐宋。为了便于前后方的联系，元朝政府打算除原有的陆路驿站外，再另设水路驿站。郭守敬受命前往今天的河北、山东、江苏一带考察水道交通情况，定下中原地区的五条河渠干线，绘制了水陆交通网图，由伯颜呈报忽必烈。这样，在华北平原和黄淮平原上，就开始出现了用船只运送官员和文书的水上交通站——"水驿"。

元朝政府中，管理全国营造、工程修建等的官府叫作"工部"。1276年，都水监并入工部，郭守敬出任工部的高级官员"工部郎中"。他在都水监和工部任内成绩显著，还测量了黄河中游的地形，以及从京师到汴梁（今河南开封）沿途的水平高度等。

郭守敬在长期的水利工作中，不断比较各地的地势高低。他感到，总是说甲地的地势比乙地高多少，乙地的地势又比丙地低多少，实在太不方便。那么能不能制订一个统一的标准，来表示各处地势的差异呢？

郭守敬一直在寻求解决这个问题的途径，最后终于想出一个巧妙的办法。他以大都东边的海平面作为基准，将大都到汴梁沿线各地的水平高度逐一与海平面进行比较。结果发现汴梁的水离海较"远"，也就是海拔较高，因而流速峻急；京师的水离海较"近"，也就是海拔较低，所以流速徐缓，这就证明了汴梁的地势比京师高。离海"远""近"的概念，与今天人们所说的"海拔"相当。这在地理学和大地测量方面具有重要的科学价值，郭守敬则是世上首创"海拔"概念的第一人。

修订历法的序幕

中国的天文学历史非常悠久。从殷商时代开始，直到16世纪欧洲近代自然科学兴起以前，中国古代天文学长期居世界领先地位，在天文观测、宇宙理论、天文仪器和历法等许多方面，对世界天文学做出了重大贡献。

制定历法是古代天文学的一项重要任务，它与人们的日常生活、农业生产，甚至和国家政治都有很密切的关系。

人类的一切活动都离不开时间的安排。自古以来，人们就利用昼夜交替、月亮圆缺、四季更迭等自然现象，作为计量时间的依据。地球自转一周为一"日"，它是昼夜交替的周期。地球绕太阳公转一周叫作一"回归年"，通常也简称为"年"，这是四季更迭的周期，时间长度为365.242 2日。月亮圆缺变化的周期称为"朔望月"，长度等于29.530 6日。由于"年"和"月"的实际长度都不是"日"的整数倍，这就给计时造成了麻烦。历法就是利用年、月、日三种不同的时间单位，既准确又方便地计量时间的方法。历法中的"年"和"月"分别称为"历年"和"历月"，它们总是"日"的整数倍。例如，一年12个月，一个月30天等。

根据地球公转运动制定的历法叫作"阳历"。现在国际上通用的公历就是一种阳历，一年有12个月，每月各有特定的天数。以月球绕地球的运动为依据制定的历法叫"阴历"。阴历每个月的长度接近于一个"朔望月"，通常也是一年12个月，所以一年只有354或355天，这和一个"回归年"的长度相差很多。因此，阴历不能反映季节的变化，现在使用阴历的人已经不多了。

中国长期使用的农历，是一种颇有特色的历法，它的历史可以一直上溯到夏朝。农历使用阴历的历月，每逢大月30天，小月只有29天。同时，为了使历年的平均长度尽可能接近回归年的长度，农历中平均每过两年多的时间，就在一年之中添加一个"闰月"。凡是有闰月的年份称为"闰年"，那一年就有13个月。没有闰月的年份则称为"平年"，只有12个月。由于农历兼顾了阴历和阳历的特点，因此它是一种"阴阳历"。

中国古代历法的内容相当丰富，包括推算太阳、月亮的位置和运动，编制每年的日历，预推水星、金星、火星、木星和土星这五大行星的位置，预报日食和月食等。但是，任何历法或多或少总会有些误差。一种历法用久了，误差就会累积起来，使用的时候就会发生问题。这时，就需要重新制定新的历法了。历法的不断发展，正是中国古代天文学发展的一条主线。

元朝初年使用的历法，是金朝的"重修大明历"。由于时间已久，用它推算的天象与实际情况已经不完全一致。例如，在成吉思汗西征的时代，就发生过在初一的晚上看见了本应在初三晚上才出现的新月。老百姓也看到了"前日中秋节，今宵月方圆"的现象。这样的历法，再不修订就很不妥了。

1276年，元军攻占南宋首都临安（今杭州）。忽必烈眼见天下基本统一，便回想起前年去世的大臣刘秉忠和现任司天台算历科官员曹震圭的多次建议，决定制定新历法。忽必烈下令设立了掌管天文历法的中央官署"太史局"，由张文谦和当年一起在紫金山读书、现已担任最高军事机构"枢密院"副长官"枢密副使"的张易领导。当年与郭守敬在紫金山共读的少年王恂，这时已是知名的数学家，还做了"太子善赞"——专门向太子提意见和建议的谏官，太史局的具体工作就由王恂负责。他们共同推荐著名学者、退休老臣许衡前来研究历法理论，并建议将精通天文的郭守敬从工部调到太史局来，负责制造天文仪器和进行天文观测。

郭守敬早就认识到改革历法的重要性，他向忽必烈建议，在制定新历法之前应该进行一次大规模的天文观测，而要搞好观测，首先必须有精良的仪器。张文谦、张易、王恂、许衡四人都很赞成他的主张。郭守敬仔细检查了大都城里天文台的仪器设备，发觉已经太陈旧了，不能满足新的天文观测精度要求。于是他决心亲自动手，重新设计制造一批高水准的新仪器。

从此，郭守敬的科学活动又揭开了新的一页。

成批的新天文仪器

1279年，忽必烈下令将太史局改为太史院，任命王恂为太史令，郭守敬任副职"同知太史院事"。

要创制一批新的天文仪器，必须有相当的人力物力，这就要皇帝和朝廷的支持。于是，郭守敬把新仪表的图样呈送忽必烈，并为他详细讲解每个设计、每个部件的作用。忽必烈听得津津有味，一连几个小时，丝毫不感到疲倦，当即批准了创制新仪的计划。

郭守敬带着皇帝的御批，指挥一批天文人员和工匠，把画在图纸上的新仪器——制造出来。这些仪器有：简仪、高表、候极仪、浑天象、玲珑仪、仰仪、立运仪、证理仪、景符、窥几、日月食仪、星晷定时仪等。为了便于去外地观测的人员携带，又创制了"正方案""丸表""悬正仪"和"座正仪"等。此外，还制作了"仰规覆矩图""异方浑盖图""日出入永短图"等可以同仪表相互参考使用的图。

郭守敬设计制造的天文仪器，最受推崇的是"简仪"。那么，他为什么要创制简仪呢？原来，以前的中国古代天文学家，用来测量天体位置的最重要的仪器是浑仪（又叫"浑天仪"）。最迟在东汉时期，中国天文学家就已经使用浑仪了。这种仪器的基本形状是个浑圆的大球，"浑"的意思也就是圆。在这圆球里是一层套一层的圆环，其中有的能转动，有的不能转动。在层层圆环中间有一根细长的管子，叫作"窥管"。把窥管瞄准一颗星星，就可以利用那些圆环来确定这颗星在天上的位置（图96）。

但是浑仪也有不足之

图96 明代正统年间（1437年）的铜铸浑仪，现陈列于南京中国科学院紫金山天文台

处，它主要表现在两个方面。首先，浑仪在一个球中安装着七八个大小不一的环，环环相套，重重叠叠，严重地遮挡了窥管所能观测的天空范围。其次，浑仪的好几个环上都各有自己的刻度，观测人员审视和读出这些刻度相当不便。因此，使用浑仪进行天文观测其实相当麻烦。

郭守敬思忖，要克服这些缺点，必须对症下药。浑仪结构过于复杂，是造成麻烦的根本原因。所以，应该从简化结构着手！他仔细分析每个圆环所起的作用，想到有些情况下，天体的位置可以根据其他观测数据用数学计算来推求，而不必在仪器上安装过多的圆环直接测量。因此，有些圆环可以省去。经过反复思考、计算、试验，郭守敬仅保留了浑仪中必不可少的两组圆环，并把其中的一组分离出来，成为另一个独立的仪器。他把浑仪中作为固定支架的那些环全部取消，改用一对弯拱形的柱子和另外4条柱子，以托住留在仪器上的一组主要的圆环。这样，就彻底改变了浑仪的结构，圆环四面没有遮拦了，观测起来既简单又方便。

郭守敬创造的这种新仪器，使已经沿用千余年的浑仪大大简化了，因而称为"简仪"（图97）。其实，"简仪"可不简单，它是相当精密的。在欧洲，直到18世纪，基本结构与简仪相仿的天文望远镜才开始流行起来，这就是现代天文学中所说的"赤道仪"。

郭守敬改进的另一种重要天文仪器是圭表——古代一种测影的仪表（图98）。表是一根垂直立于地面的杆子，"圭"是从"表"的底端开

图97 明代正统年间（1437年）仿制的铜铸简仪，现陈列于南京中国科学院紫金山天文台

始沿着水平方向朝正北方伸展的一条长板。当太阳在子午线上时，表影投落在南北方向的圭面上，量取影子的长短，就可以推算出夏至和冬至等节气。当太阳到达最北而位置最高的时候，表影最短，这时候叫作夏至。当太阳到达最南而位置最低的时候，表影最长，这时候叫作冬至。古代的表仅高八尺，由于表影较短，测量的误差就比较大。再说，只有在大白天阳光照射下才能形成容易看清的表影。晚上，在月光下、特别是在星光下，表影微弱，甚至根本看不见，这时圭表就完全用不上了。

图98　圭表是最古老的天文仪器。图中这件圭表铸于明代正统年间（1439年），清代重修

　　郭守敬之前的科学家早已发现了这些问题，也想过好多办法，但是无济于事。现在，困难又摆到了郭守敬的面前，他能不能想出什么好主意呢？

　　郭守敬陷入了沉思：怎样才能减小测量表影的误差呢？如果表影很短的话，那么按比例推算各个节气的时刻误差就会很大。相反，如果表影很长的话，按比例推算各节气的误差就会小得多……对了，关键是使表影加长。加长表影就意味着必须增加表的高度。

　　深思熟虑之后，郭守敬大胆决定：把表的高度增大五倍，也就是加长到四十尺。这样，表影也就长了五倍，推算出来的节气时刻就会比以前准确得多。这种特别高的表，就叫作"高表"。

　　表影边缘模糊的问题又怎样解决呢？郭守敬在表的顶部做了两条各长四尺的龙，由它们托住一根横梁，从梁心到圭面就是整个表的高度——四十尺。横梁的影子就是表影的尽头，这样测量起来要比不加横梁更容易，也更准确。

同时，郭守敬还发明了一件辅助仪器"景符"（图99）。它是一块薄薄的铜片，中央开一个小圆孔，下面用一个方框斜撑着，保持北高南低的状态。郭守敬将景符放在圭面上，顺着圭面沿南北方向来回移动，使铜片上的小孔、表柱上的横梁中心，以及太阳圆面的中心处在同一直线上。这样，日光穿过小孔，在圭面上投下一个非常小的亮斑。在这亮斑的中央有一条又细又清晰的黑影，它正是横梁由日光照射而投下的阴影。于是，测量的表影长度就更加精确了。

图99　景符中央有一个小孔，下面用一个方框支撑，保持北高南低的姿态

在郭守敬制作的圭面上，测量高表影长的刻度也比从前更加精细。他还改进了量取长度的技术，从原先只能直接量到"分"提高到可以直接量到"厘"。原先只能估计到"厘"，现在则可以估计到"毫"。这些优点，使得测量结果非常精密。例如有一天观测，记下了当天正午的表影长度是七丈一尺九寸五分七厘五毫，这在过去是根本做不到的。

除了高表和景符，郭守敬还发明了一种在月光或星光下用圭表进行观测的仪器——"窥几"（图100）。这里，"几"的意思和茶几的"几"相仿，

图100　窥几上面中央有条长缝，缝两旁有刻度

表明它的形状像一张长方形的桌子。几面中央有一条长缝，缝的两旁有刻度，就像尺子一样。窥几可以放在圭面上，观测者在窥几下面，可以移动几子使自己的眼睛、表上的横梁，以及月亮或星辰处在同一直线上。这时，记下几面上和观测者的眼睛相对应的刻度，就可推算出月亮或星星在天空中的高度。有了窥几，天文学家在晚上也可以利用圭表进行天文观测了。

仰仪也是郭守敬创制的一种重要仪器。仰仪用铜制成，形状像一口仰天放着的锅（图101），用于俯视天象。在仰仪釜内的半球面上，刻着适用于当地地理纬度的经纬线网络。太阳光穿过一个小孔，在半球面的釜底上投下一个圆形的像，映照在所刻的经纬线网上。据此，观测者立即可以知道这时太阳在天空中的准确位置。这种方法比直接用眼睛注视太阳巧妙得多，测量结果也准确得多。每天进行这样的观测，就可以知道一年四季中太阳在天空上的位置如何变化了。另外，利用仰仪在不同的地方进行观测，还可以确定各地经纬度的差别。

图101　登封观星台的仰仪四分之一原大复制品

更妙的是用仰仪来观测日食。根据历法可以推算日食发生的时刻、日面上开始发生食的方向、日面亏缺部分的多少等，如果和观测到的实际情况相符，那就表明这种历法相当不错。如果推算结果和实际观测到的情况相差太远，就说明这种历法必须修订了。太阳光过分眩目，用肉眼直接观测日食非常困难。但是，用仰仪观测就大不相同了。日食时，仰仪釜面上那个小小的太阳像也相应地发生亏缺，因此可以一目了然地显示日食的方向和不同时刻日面亏缺情况的变化。世界上以前从未有过像仰仪那样巧妙的仪器，所以人们常把仰仪和简仪并称为郭守敬最有代表性的创举。

浑天象是郭守敬的又一得意之作。那是一个木制或铜制的大圆球，球面上标记着满天的星斗。浑天象可以像今天的地球仪或天球仪那样，绕着通过南北极的轴线转动。郭守敬创制的浑天象的大圆球放在一个方柜中，使半个球露在柜外。方柜象征着大地，露在外面的半个球就代表观测者仰望的天穹。人们可以用浑天象演示日月星辰的东升西落和其他各种天象。例如，转动浑天象，可以使球面上的星星与当时天空的实际景象正相吻合，也可以预示几个小时、甚至几天、几个月以后的星空。它与简仪相配合，对进行天文观测大有帮助。

郭守敬这些先进的天文仪器，理所当然地受到了广泛的赞扬和推崇。《元史·天文志》中说，郭守敬所创制的仪器都达到了精妙的程度，他那高明的见解和过人的知识，实在是古人所不及的。现代著名科学家竺可桢在一篇介绍中国古代天文学伟大成就的文章中也说，郭守敬创制的仪器既巧妙又精密，胜过了前人。

大都的新司天台

专门安置天文仪器从事天文观测的场所，在今天叫作"天文台"。在三千多年前的周代，用于天文观测的高台称为"灵台"。以后观测场所的名称虽有多次改变，但每个朝代总会在京城造一座天文台。在元朝之前，金朝曾建造了一个"司天台"。忽必烈当皇帝后，司天台暂时保留原样。1271年又在上都另设"回回司天台"，通常又称"北司天台"，由阿拉伯天文学家札马鲁丁负责。

1279年，作为太史院正副官员的王恂和郭守敬共同向忽必烈建议：在大都建立司天台，用铜制作高表和其他天文仪器；同时，还提请政府在上都、洛阳等5个地方分别设置仪表，选派官员观测和管理。

忽必烈采纳了他们的意见，指派高级官员段贞负责整个"司天台"

的建筑工程。许衡、王恂和郭守敬到各处踏勘，进行现场考察，最后在大都城东南部选定地址，作为新司天台的基地。接着便大兴土木，一座崭新的司天台不久就建成了。它的位置离现存的北京建国门明清古观象台不远。

在兴建新司天台的过程中，有一位名叫阿你哥的尼泊尔建筑师同王恂、郭守敬密切配合。阿你哥初见忽必烈时才20来岁。忽必烈问他："你到底有什么能耐？"阿你哥不慌不忙地回答："我全凭自己的创造性，擅长绘塑和铸制金像。"忽必烈令人取来一个已损坏的宋朝针灸铜像，问阿你哥能不能修复。阿你哥充满信心地说："我虽然没干过这种活，但我可以试试。"后来，阿你哥把铜像完全修复了。忽必烈很高兴，就任命他为人匠总管。阿你哥配合王恂和郭守敬建成新司天台后，郭守敬创制的天文仪器就安放在上面，太史院的办公署也设在司天台中。

新的司天台长约250米，宽约180米，四周是一道高墙，建筑物分布在墙内大院中。司天台的主体建筑称为"灵台"，高约17米，最高处的平台顶部是进行天文观测的地方，主要的仪器是简仪和仰仪。人们白天在这里观测太阳，夜晚测量星星和月亮。

台的中、下部环绕着一组面积相当大的双层建筑。底层是太史院的行政办公署，二层是司天台的科学研究工作室。王恂、郭守敬就在楼下官署正厅内指挥整个太史院的工作。王恂的数学特别好，因而主要负责推算；郭守敬更擅长仪器和观测，因而主要负责实际测量。另外还有许衡以"集贤大学士"的身份，在那里指导太史院的研究工作。忽必烈很注重搜罗各方面的有用人才，他把太史院人员任用的大权直接交给了王恂。在郭守敬即将去上都、洛阳等地进行天文测量时，忽必烈还特地下令要他寻访精通天文、历法和数学的学者，以便改历工作更顺利地进行。因此，元朝初年的太史院人才济济，科学研究的水平很高。

在主体建筑的左方，还有一座比中央灵台稍小一些的观测台，台上有精致的玲珑仪。主体建筑的右侧，是雄伟壮观的四十尺高表，表的正北平躺着长长的石圭。

元代这个太史院和司天台的联合机构，在当时以及此后的二三百年中，无论在规模、设备，还是在观测、编历等方面，都是世界第一流的。在郭守敬的时代，世界上天文学能和中国媲美的只有阿拉伯人。例如，1259年，伊斯兰天文学家、数学家、哲学家图西开始在中亚兴建著名的"马拉盖天文台"。那里也集中了许多优秀的天文学家和良好的天文仪器，只是在规模宏大、设备完善、人员众多方面，还是赶不上郭守敬所在的元大都司天台。

"四海测验"和年的长度

成批的天文仪器创制成功后，郭守敬向忽必烈建议先进行一次大规模的天文观测，再在此基础上编修新历。他说：唐代的一行和尚和南宫说领导的那次天文大地测量[①]，在各地一共设立了13个观测站。如今元朝的疆域比唐朝更加辽阔，如果不到更远的地方进行更大规模的实测，那就不能了解各地所见日月食时刻和情况的不同，也不能了解各地昼夜长短的差别和日月星辰在天穹上位置高下的差异。所以，应该设置更多的天文观测站，派人前往观测。即使眼下天文专业人才短缺，也可以先在南北方向上挑选一些地方，树起圭表，测量影长，把最基本的工作做好。这件事对于制定新历法非常重要，忽必烈完全赞同郭守敬的主张。

于是，郭守敬和王恂挑选培养了14名熟悉天文观测的人员，让他们携带正方案、丸表、悬正仪和座正仪四种新仪器，分头前往指定地点进行测量。除了大都以外，郭守敬在全国各地共选定26个观测点。他本人也率领一支人马，由上都、大都，经河南府，抵南海测验日影。这次大规模的测量，就称为"四海测验"。

郭守敬还在告成镇（今河南省登封市城东南）的周公测景台附近设计建造了观象台和量天尺。告成镇是古代阳城县的所在地，习惯上也称为"阳城"。相传那里就是中国历史上第一个奴隶制国家夏朝最早建都的地方。中国历代许多天文学家都到阳城进行过天文观测。据传公元

---

① 天文大地测量：见本书上篇"星星离我们有多远"之"第一次丈量子午线"节。

前12世纪，周公曾在此用土圭测量日影。那里至今还保留着公元723年（唐开元十一年）天文官南宫说竖立的纪念石表，表的南面刻着"周公测景台"五个字。

郭守敬在"周公测景台"的北面用砖石建了一座观星台（图102）。它是中国现存最完好的古代天文台建筑，也是世界上的重要天文古迹。观星台高9.46米，台体顶面呈方形，每边长约8米。整个台体越往下越宽，底面边长约17米。台的南壁上下垂直，东西两壁自下而上向内倾斜。台的北壁正中有一个直通上下的凹槽。从槽的底部开始，有一条全长31.19米的石圭，由36块巨石拼接而成，沿着地面朝正北方向延伸。观星台北壁的凹槽相当于一个高表，横梁正好就架在一东一西两间小屋上。横梁的影子投向圭面，再配上景符就可以准确地测量影长了。这条石圭就叫作"量天尺"。

图102　元代至元十六年（1279年）郭守敬所建的登封观星台，1961年被国务院确定为全国重点文物保护单位

郭守敬、王恂和一批监候官在开展观测以后，先后获得了两批观测资料。第一批资料是从南到北的6个观测点（南海、衡岳、岳台、和林、铁勒、北海）的纬度、夏至日的影长尺寸以及昼夜长短。第二批是其他20个地方的纬度。总的说来，这些测量结果相当准确。例如，第二批测量结果中20个观测点的纬度和现代测量相比，有9处误差不超过0.2°，其中有两处完全吻合。20处的平均误差也只有0.35°，即仅20′左右。

郭守敬领导的这次"四海测验"，南北方向的跨度达10 000余里，东西方向差不多也有5 000里。无论从规模巨大、地域广阔，还是从测量精度之高来看，也无论是在中国历史上还是在世界天文史上，都是空前的盛举。这次"四海测验"扩充了当时的天文学知识，并为制定新历法提供了重要的数据和参考资料。

制定优良的历法，必须精确地测定"回归年"的时间长度。接连两个冬至或接连两个夏至的时间间隔就是一个"回归年"，冬至或夏至的时刻可以用圭表来确定。测量得准确，"回归年"的长度就可以定得很准。

这事说来容易，做起来却很难。古人推算出来的"回归年"，往往不是太长、就是太短。为了改善这种状况，必须反复地测量许多年，最终求出"回归年"的平均长度，这要比仅用少数几年的资料准确得多。一位天文学家一生最多只能工作几十年，因此他必须充分利用前人已经取得的天文观测数据。

郭守敬正是这样做的。他利用从公元462年到公元1278年，总共816年的历史资料，求出回归年的平均长度为365.242 5天，并把它用到新历法中。这和回归年长度的精确数值365.242 2天仅相差0.000 3天！在欧洲，从古罗马时代开始，一直把一回归年的长度当作365.25天。直到公元1582年，罗马教皇格里高利十三世改革历法，才将回归年的平均长度取为365.242 5天。这种历法称为"格里历"，它一直沿用至今，成为世界通用的公历。格里历采用的回归年长度和郭守敬的数值相同，时间却比郭守敬晚了302年。

测定群星的位置

上古时代的人们已经发现，把天空中位置相近的星星划分成群，并由此把天空分成许多区域，那么辨认星空就比较方便。天穹上包含这种星群的一个个区域叫作"星座"。古人常把星座与神话传说联系起来，把它们想象成各种神话人物、动物或其他事物的形象。

古代生活在亚洲西部幼发拉底河和底格里斯河流域（今伊拉克所

在地）的民族，早在公元前3000年就已开始划分星座，并为它们取了名字。公元前13世纪，他们把黄道附近的恒星分为十二组，这就是著名的黄道十二星座，它们的名称依次是：白羊、金牛、双子、巨蟹、狮子、室女、天秤、天蝎、人马、摩羯、宝瓶和双鱼。这些名字流传至今，并在国际上通用。在古代希腊，最迟在公元前2世纪就已经形成包括40多个星座的星空体系。这些星座的名字和古老的古希腊神话联系在一起，同样流传到了今天。

在中国古代，早在周朝以前，即公元前11世纪之前，我们的祖先已把群星划分成了许多"星官"，意思大体上和"星座"相仿。后来，又进一步形成了"三垣二十八宿"的星空体系。"三垣"，是指天穹上北极周围的三个区域，它们分别叫作"紫微垣""太微垣"和"天市垣"。"二十八宿"是大致沿黄道分布的28个天区，它们的名称是"角、亢、氐、房、心、尾、箕、斗、牛、女、虚、危、室、壁、奎、娄、胃、昴、毕、觜、参、井、鬼、柳、星、张、翼、轸"。月亮在天空中运动时，大致每晚经过其中的一个"宿"，它们仿佛是月亮的一间间"宿舍"。这些星宿的名称也流传了下来。

中国古代天文学家在测量"二十八宿"各宿之间的距离时，往往在每宿中各选定一颗星作为标志，称为"距星"。距星的位置当然必须定得很准。一颗星在天球上的位置，也像一个城市在地球上那样，可以用经度和纬度来表示。不过，天球上的"经度"称为"赤经"，天球上的"纬度"则称为"赤纬"。一"宿"的距星与下一"宿"的距星的赤经之差称为"距度"，它可以确定这两颗距星之间的相对位置。自从战国时期以来，起初测定距度只能准确到古代使用的"度"，到了宋徽宗崇宁年间（1102—1106年），又在"度"以下添加了"少""半"和"太"等字样，分别代表度的分数部分比较接近于1/4、1/2和3/4。这当然比以前有了进步，但还不能令人满意。

郭守敬深知，测定日、月、五大行星（水星、金星、火星、木星、土星）和其他天体的位置，都要以二十八宿的距度为依据，新历法的优劣又要用这些天体的位置和运动来检验，因此制定新历法首先就要准确地测定二十八宿的距度。郭守敬的仪器比前人先进，测量技术又比前人高超，因而对此很有信心。

郭守敬把表示测量数据的最小单位定为二十分之一度，比宋代用"少、半、太"精密得多。他最终把测量距离的平均误差降低到了4.5′，精度比宋朝时提高了一倍，是中国古代天体测量史上的一次飞跃。

中国从春秋战国时代开始，流传下来三部著名的"星表"，其中记载着许多恒星的名字和大致方位。三国时代吴末晋初的太史令陈卓汇总这三部著作，一共得到283个"星官"，1 464颗恒星。从此这就成为典范，长期沿用下来，例如著名的"敦煌星图"（图103）就是以此为据绘制的。不过直到郭守敬以前，详细测量的恒星仅仅几百颗而已。

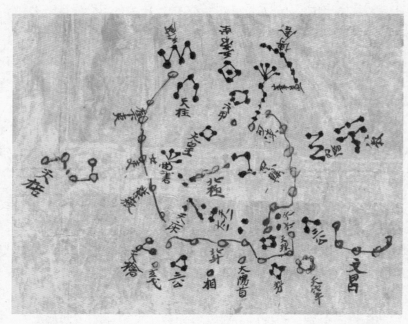

图103　敦煌星图绘制于约公元8世纪初，近代在敦煌经卷中被发现，20世纪初流失到英国，现藏伦敦大英博物馆。敦煌星图共有13幅分图，本图是其中之一，下半部的北斗七星很容易辨认

郭守敬决定把尽可能多的恒星都测量清楚。入夜，只要天晴，他就来到测景台，仔细观测，认真记录。夜复一夜，月复一月，他不但

仔细观测了陈卓星表中的那1 464颗星，而且还观测了两千年来人们未加注意的许多无名暗星。他把观测结果编制成两部详细的星表：《新测二十八舍杂座诸星入宿去极》和《新测无名诸星》。直到清朝初年，这两部极有价值的星表还在民间流传。

《授时历》的诞生

正当郭守敬创制新的天文仪器，进行四海测验的时候，编制新历法的工作也在有条不紊地交替进行着。

元世祖忽必烈在1276年已经把张文谦、张易、王恂、许衡、郭守敬这些既有学问、又有才干的人调集在一起，以便顺利、高效地完成历法改革。1279年，太史院又请来一位精通历法理论、还会推算日月食的学者。此人名叫杨恭懿，是奉元（今陕西省西安市）人。他博闻强记，无书不读，家境贫困却不肯做官。忽必烈两次召他进京，他都推辞了。第三次以敬老为名请他作客，也是赴京不久便回家了。这次，忽必烈又令人登门相邀，并送他到大都，与郭守敬等人共同制定新历。

许衡、杨恭懿、王恂、郭守敬一起研究了自汉朝以来先后颁行的几十种历法，并利用可靠的实际观测资料，在1280年编出了新历法。他们一同去向忽必烈汇报制定新历的经过。来到皇宫，他们按礼下跪，不料皇帝竟破例优待特邀前来参加工作的两位老者——72岁的许衡和56岁的杨恭懿，让他们站起来说话。可见改革历法在皇帝心目中有多么重要。

他们在汇报中说：相传我国在黄帝、尧、舜时代就很重视天文观测，可是第一部比较系统的历法却到西汉年间才问世，那就是由邓平制定、在公元前104年（汉武帝太初元年）开始颁行的《太初历》。从那时以来的1 000多年中，改订的历法大约有70种，而有所创新的主要有13家。现在天下归于一统，我们修订新历，先用旧仪、木表观测，再用新创制的简仪和高表复测、校验，并且创立了新的计算方法，所以虽说新历可能仍不完美，但与以前的改历者相比，我们对自己的工作确实是扪心无愧的。

图104 中国台北故宫博物院藏许衡画像。许衡字仲平，是13世纪中国一位百科全书式的学术大家，为制定《授时历》发挥了重要作用

忽必烈对新制定的历法很满意。他按照自古流传下来的"敬授民时"一语将新历命名为《授时历》，并令人撰写一篇《颁授时历诏》，说明制定新历的缘由，并规定从1281年（至元十八年）正月初一起在全国实行。从此，每年都先编好下一年的历书，在太史院的印历局印刷，在冬至那天颁发。

历稿完成后，仍有大量观测计算工作需要继续进行。可惜，这时许衡（图104）获准退休，并在第二年去世了。杨恭懿从来不愿当官，这时也回奉元故乡去了。王恂因92岁的老父亲逝世，回故籍守丧。不料他悲哀过度，年仅47岁便一病不起，与世长辞了。两位上级官员中，张易于1282年受一起案子牵连被杀，张文谦则于1283年病故。太史院的全部工作重担，实际上落到了郭守敬一人身上。

郭守敬把制定新历用的浩瀚天文观测数据和大量算表全部整理好，再总结经验规律，编撰成书。这些事情，花费了他好几年的时间。1286年，郭守敬继承王恂的遗职，被任命为太史令，这时他已经55岁了。他把自己的著作一一进呈给忽必烈，总数达百余卷之多。这些书全部归国家收藏，民间完全不可能刊印。随着岁月的流逝，在频繁的战乱中，这些宝贵的科学遗产几乎丧失殆尽，幸存下来的只是很少的一部分。后来，明朝初年修纂的《元史·历志》中，除保存《授时历议》外，还收入了郭守敬等人叙述新历推算方法的《授时历经》。

《授时历》有许多改革创新的成就。首先，它废除了过去许多不必要、不合理的计算方法。例如，过去常用很复杂的分数来表示天文数据的尾数部分，《授时历》则改用十进制小数。其次，它应用了一些新的计算方法。例如，适用于球面三角形的计算公式等。第三，它采用了比较先进的数据。例如，将回归年的长度定为365.242 5天。

《授时历》是我国古代最优秀的历法；在当时的世界上它也遥遥领先。它从1281年1月22日（至元十八年正月初一）起在全国一直用到元末。明太祖朱元璋于1368年改用《大统历》，但它的一切天文数据和计算方法基本上仍是照搬《授时历》。换句话说，《大统历》还是《授时历》，它一直使用到1643年。所以，《授时历》使用的时间实际上长达360多年之久。它是中国历史上使用时间最长的一部历法。

《授时历》还传到了朝鲜和日本。元朝时候，朝鲜的高丽王朝使用的历法就是《授时历》。到明朝时，朝鲜编修成著名的《高丽史》，在它的《历志》中还载有《授时历经》全文。日本从我国隋朝时期开始就一直使用中国历法。《授时历》传到日本，在德川幕府时代还刊行了《改正授时历经》（1672年），这时离郭守敬等人制定《授时历》差不多已经4个世纪了。后来，日本天文学家以《授时历》为基础，并用《授时历》的原理和方法，制定了《大和历》，于1685年开始在日本颁行使用。往后日本人改用自己制定的历法，但追本溯源它还是从《授时历》衍生出来的。

通惠河水神山来

待到制定《授时历》、整理各种资料、著书立说等事宜告一段落，郭守敬已经是六十开外的老人了。这时，除负责太史院的常规工作外，他的主要精力又集中到新的水利工程上，那就是治理大都城的水道和改善"漕运"状况。

自金朝以来，当时称为"中都"的北京就是首都。元朝改称"大都"后，它更成了当时全国的政治经济中心。大都城每年需要消耗的巨额粮食，绝大部分来自南方的产粮地区。为了运输方便，金朝利用隋唐以来修建的南北大运河和华北平原上的天然水道，建立了一个水路运输系统。这就是所谓的"漕运"。不过，由于受到自然条件的限制，漕运并不能直达北京。它的终点是在北京东面、离京城还有几十里路的通州。

从通州到京城的陆路运输，需要使用大量的车、马和人力。当时的道路远不如今天那么好。夏秋多雨，道路难免泥泞，时常发生车辆陷入泥中、马匹倒毙道旁的事件。北京春天多风沙，走陆路遇到的困难也比走水路多，即使把粮食送到了，也很可能误了时限。因此早在金朝，政府就尝试开凿一条从通州直达京城的运河，解决漕运问题。

　　开挖运河通行舟船，必须找到充足的水源。离大都城较近的天然河流有两条，即发源于西北郊外的高粱河和从西南而来的凉水河，但是它们的水量都太小。大都城北几十里的清河和沙河水量虽然充沛，却往东南方向流入了温榆河上游，根本到不了大都城。

　　郭守敬在壮年时期就想到，大都城西北有座玉泉山，山下涌有一股清泉。泉水向东流，分出两支。南支流入瓮山南面的瓮山泊，再从瓮山泊向东绕过瓮山，与北支汇合继续东流，成为清河的上游。"瓮山"，就是今天北京颐和园中的"万寿山"，"瓮山泊"则是万寿山下"昆明湖"的前身。郭守敬向忽必烈建议在瓮山泊南面开渠，使流进瓮山泊的水不再向东流，而是往南引入高粱河。高粱河的下游在金朝时已被拦截到运河中，这样就增辟了运河的水源。郭守敬估计运河通航后，每年大约可以节省6万缗钱（一千个钱称为一"缗"，也就是一"贯"）的车费。他还建议在通州南面开一段拉直的运河，从蔺榆河口蒙村跳梁务（今河北省香河县河西务东面）到杨村（今属天津市武清区），这样可以避免浅滩、风浪、绕道等造成的不便。

　　经忽必烈批准，郭守敬的计划实施了。不过，这一泉之水对充盈运河、畅通漕运来说，仍远远不够。正在这时，制定新历法的工作紧锣密鼓地开张了。郭守敬离开了水利工作岗位，修运河的事情也就暂停了。

　　忽必烈建成大都后，仍经常回上都开平府去。那时的上都既是北部地区的政治、经济、文化中心，又是重要的南北交通枢纽，因此那里的种种耗费也很大。元朝政府除了大都外，还必须解决好上都的粮食问题。

　　1291年，有人建议从永平（今河北省卢龙县）沿滦河溯流而上，疏浚河道，把粮食一直送到上都。另一种意见则认为，如果修治浑河上游，粮船就可以直达上都附近的荨麻林。忽必烈决定派人分头实地勘察。第一路由建议人亲自前往，结果中途就碰壁返回。第二路让郭守敬同往，结果中途受到河中沙石阻拦，也无法继续前进。因此两种方案都不可取。

郭守敬向忽必烈汇报调查结果时，又提出了11条水利工程建议。其中第一条就是关于大都运粮河的新方案。他详细介绍了自己的设想：大都北面昌平县（今北京市昌平区）东南的神山脚下，有一处较大的泉水，名叫"白浮泉"。先把这股泉水向西引到西山东麓，然后折而往南，汇入瓮山泊。流出瓮山泊后，河水经原有的高粱河上游（今北京市的长河），从和义门（今西直门）北的城墙下流进大都城，汇入城内的大湖"积水潭"中（今北京市的积水潭和什刹海，就是当年大都城积水潭的遗址，但因淤缩，面积已比当年小多了）。然后，将水从积水潭向南引，到皇城东城墙南部流出，注入已废弃的金代运粮河，再向东直奔通州。

郭守敬的这一方案，即使在今天，对于熟悉北京地理的人来说，仍然会感到非常亲切。它和早先的方案相比有一个明显的优点，那就是一路上汇集的泉水都是清水，泥沙很少。这样就可以在运河下游设立一道道水闸，控制各段的水位，而不必顾忌泥沙淤积了。新修的河道与原有的水路交通网相连，从南方沿大运河北上的粮船即可经通州而直达大都。

当时，忽必烈正在为长期未能解决漕运问题而着急。他看到郭守敬的新方案非常高兴，决定尽快办理此事。他下令恢复都水监这个机构，掌管治理河渠和堤防、水利、桥梁、闸堰等各项事宜，并任命高源为都水监的长官（官职仍叫"都水监"）。不久，又命郭守敬以原职太史令"兼领都水监事"，也就是兼职领导都水监。在治理运河工程中，高源要接受郭守敬的领导。1292年春天，元世祖命令四"怯薛"（亲卫军）和各府官员属吏都来参加这次河工，同时调动各族人民，划分地段，分工进行，限期完成。四怯薛总管月赤察儿亲自率领部下，穿上工役服装、与军民工匠一起，在郭守敬的安排下热火朝天地干了起来。

那么，郭守敬为什么不朝东南方向直接把白浮泉水引入大都城，而要选择一条迂回的路线，把泉水引入瓮山泊呢？

这正是整个运河工程中最精彩的部分。从神山到大都城直线距离是60多里。白浮泉发源处的海拔高度约为60米，比大都城西北角最高处大约高出10米。倘若沿着神山到大都城这条直线地势总是平缓地下降，那么泉水应该可以直接引入大都城。但是实际上，这条直线沿途却要经过沙河和清河两个河谷，地势都比大都城低，海拔都在50米以下。因此，要是直接把白浮泉水往南引，那么它就会像沙河和清河一样，顺着河谷向东流去，而不可能流经大都城、注入运粮河。郭守敬先把白浮泉水从神山下往西引到西山山麓，然后转向南流，不但可以使河床的高度始终保持徐徐下降，而且可以沿途拦截从西山上淌下的许多山泉，使水量逐渐增大。他沿着河道东岸修筑长堤，使泉水南流时不致向东泻泄。这条长约30里的河堤就称为"白浮堰"。要做到这一点，地形测量必须很精确。否则，怎么能在几十里长的路程上，看出各处地势高低的微小起伏呢？郭守敬的引水策略确实高明，他测量地形的高超技术也着实令人佩服。

1293年秋，整个工程大功告成。从南北大运河和海上两路来的粮船，经过通州，驶入大都城，云集积水潭中。不久，忽必烈从上都回来，从积水潭附近经过，一眼望见湖中布满船只，连大片水面都被遮蔽得难以看见了。他满心欢喜地嘉奖郭守敬和月赤察儿："真是多亏了两位贤卿。没有你郭守敬出谋划策，就不会有这条渠；没有月赤察儿率领众人苦干，这条渠也成不了。"

忽必烈将新修峻的运粮河命名为"通惠河"。它的通航，不但使漕运入京如愿以偿，而且促进了南货北运，繁荣了大都城的经济。如今，通惠河的名称依然未变，只是随着北京城市建设的不断发展，它从通州上溯的终点不再是积水潭，而是退到了北京市东便门立交桥一带（图105）。

今天，当人们在古老而又年轻的北京城，凝视着欢快地流淌的通惠河水，缅怀生活在700年前的郭守敬和治河人员，谁又能不为我们祖先的智慧与辛劳感到由衷的喜悦和自豪呢？

图105 今日北
京市的通惠河

德高望重的晚年

通惠河开浚后，郭守敬在原职之外又兼任了"提调通惠河漕运事"，负责管理漕运事宜。1294年，63岁的郭守敬升任为"昭文馆大学士"。这是元代授予汉官的一种带荣誉性的虚衔，级别很高。他的实职则由太史令改任"知太史院事"，成为太史院的最高长官，主管天文、历法方面的工作。同年，忽必烈去世。他的孙子铁穆耳继承皇位，这就是元成宗。

关于水利方面的重大事情，朝廷仍然经常听取郭守敬的意见。1298年，有人建议在上都西北郊的铁幡竿岭下开渠通往滦河，宣泄山洪。元成宗铁穆耳召见郭守敬一同商议。郭守敬查勘地形，调查降雨情况，研究了山洪暴发的历史资料，发现这一带平时虽然水势平缓，连降大雨时山洪却异常凶猛。因此，他认为河道必须开得相当宽阔，否则山洪骤发势必成灾。

郭守敬明确提出，河道宽度必须达50步（我国古代以5尺为1步，元代的1尺略小于今天的1市尺。50步约相当于75米）至70步（约105米）。但当时主管此事的官员却认为情况不至于如此严重，竟把郭守敬定的河渠宽度缩小了三分之一。

偏巧，铁幡竿渠修好后，第二年大雨时节山洪如注，狭窄的河身容不下汹涌的大水，顿时两岸泛滥成灾，人畜帐篷淹没者不计其数，就连元成宗铁穆耳的行宫也差点遭水冲淹。铁穆耳不得不立即向更高的山冈上迁移避水。这时，他想起郭守敬去年的忠告，不由得对左右官员们感叹道："郭太史真是神人啊，可惜没有听他的话！"

先前忽必烈在世时，在制定《授时历》期间，郭守敬曾制造过一架"七宝灯漏"。它悬挂在梁上，看起来好像一只灯球。其实，那是一台用水力推动的机械报时钟，结构相当复杂。每到一定时刻，灯漏里就有木人抱着"时牌"出来报时。另外还有一个木人用手指点当时是第几刻。每逢正时、正刻，就有木人或鸣钟，或打鼓，或敲锣，或击钹。更有趣的是，灯漏中按东、南、西、北四个方位分别布置了苍龙、朱雀、白虎、灵龟四个动物模型，到一定时刻，动物就会起舞、鸣叫。忽必烈非常喜欢这架灯漏，便将它安放在皇宫的正殿大明殿上，又称"大明殿灯漏"。

到了修建铁幡竿渠的1298年，郭守敬又制造了另一座用水力推动的仪器——"水浑运浑天漏"。它实际上是一座天文钟，由两部分组成，专供灵台使用。仪器的上部是一座浑象，即天球仪，点画着周天恒星的位置。球体外面斜围着两道环，分别代表黄道（太阳在天球上周年视运动的轨迹）和白道（月球的公转轨道）。下面是动力部分，用水力推动一套由木制轮轴和齿轮构成的机械，其中共有大小"机轮"25个。齿轮带动浑象和日月两环每昼夜"随天左旋"一周。同时，日环上代表太阳的小球又每天"右转"一度，表现出太阳在天球上的位置一天天怎样地变化。月环上代表月亮的小球则每天"右转"13度多，表现出每夜月出的时间大致要比前一夜推迟半个时辰。在唐朝，天文学家一行和仪器制造家梁令瓒（生卒年无考）曾经制造过"水运浑天铜仪"，也附有日、月两个环圈，可以做类似的演示。但是这架仪器的机械结构和制作方法久已失传，直到郭守敬才重新恢复，并且做得更完美了。水浑运浑天漏是郭守敬制作的最后一件重要仪器，当时他已经67岁了。

所有这些成就使老年的郭守敬声望愈益上升。1303年，铁穆耳下令已满70岁的官员都可以申请告老回乡。72岁的郭守敬也提出了申请，可是铁穆耳唯独不准他退休，因为朝廷还有许多工作要倚重于他。

忽必烈死后，元朝政权逐渐衰落。元成宗铁穆耳登基后，为用钱财笼络人心，曾对诸多亲王、公主、驸马、勋臣大加赏赐，国库日渐空虚。不过，他在元朝仍是个"守成之君"，还能维持大局。元成宗在位13年，于1307年去世。忽必烈的另一个孙子海山继位，世称元武宗。武宗在位仅4年多，于1311年病逝。接着，海山的弟弟爱育黎拔力八达继位，是为元仁宗。武宗和仁宗时朝政日颓，生产停滞，百姓的生活越来越艰难了。

国家到了这等地步，发展科学技术就很难了。在此环境下，晚年的郭守敬仍担任知太史院事一职，但这时的太史院再也没有30年前的那种勃勃生机了。1316年（元仁宗延祐三年），郭守敬在知太史院事任上与世长辞，终年86岁，遗体归葬于邢台西北约30里的地方。

中华民族的骄傲

纵览世界科学发展史，回顾郭守敬的生平业绩，谁也不能否认：他是那个时代世界上为数极少的顶级科学家之一。他以出类拔萃的智慧和辛勤的劳动，为祖国的科学事业与社会繁荣做出了卓越贡献，为世界科学史谱写了新的篇章。

郭守敬的造诣既深且广，他是天文学家、水利专家、地理学家、测绘学家、机械工程专家。他的科学水平、创造能力、务实精神和工作态度，都永远值得人们崇敬。

郭守敬的大批天文仪器构思巧妙，精密可靠，大大超越了前朝，创造了新的世界水平。他创制的简仪是世界上第一台采用"赤道装置"的天文观测仪器，在世界天文学史上具有划时代意义。正如一位现代英国科学家所说的那样：元代天文仪器"比希腊和伊斯兰地区……的做法优越得多"，这些地区"没有一件仪器像郭守敬的简仪那样完善、有效而又简单。实际上我们今天的赤道装置并没有什么本质上的改进"。郭守敬复原、重新制造久已失传的水力机械时钟，传动装置先进，走在了14世纪诞生的欧洲第一台机械时钟的前头。

郭守敬主持的"四海测验"，是中世纪世界上规模空前的一次大范围地理纬度测量。他编制的两部星表《新测二十八舍杂座诸星入宿去极》和《新测无名诸星》，所包含的实测星数不仅突破了历史记录，而且在以后300年间也无人超越他——包括著名的丹麦天文学家第谷·布拉赫在内。

郭守敬测定的黄赤交角数值非常精确，直到500年后法国大科学家拉普拉斯还引用它来佐证黄赤交角随时间而变化。

郭守敬和王恂等人制定新历法时，创立了新的计算方法和数学公式，这是中国数学史上的重要成果。他们发明的"弧矢割圆术"，大体上相当于用某种特殊方式表示的"球面三角学"。他们发明了"三差内插"法，直到将近400年后才有欧洲人使用类似的方法。

郭守敬主持的水利工程，对发展农业生产起了重要作用，为南北水路交通和大都城的繁荣做出了历史性贡献。今天，从密云水库直通北京市的"京密引水渠"，自昌平经昆明湖到紫竹院这一段，大体上还是沿着郭守敬当初规划的路线。

郭守敬在大地测量方面首创了相当于"海拔"的概念，这又在世界上居于领先地位。他根据实际测量的结果，编制了黄河流域一定范围内的地形图。后来，在将白浮泉水引往大都城前，必定也做过非常精密的地形测量。

郭守敬去世300多年后，明朝末年来华的德国传教士汤若望（1591—1666年）获悉郭守敬取得的伟大天文成就时，便情不自禁地称赞郭公真是"中国的第谷"。这当然是一番好意。可是郭守敬的时代要比第谷早300年，试想世人如果先知道了郭守敬，后来才知道第谷，那么难道不会反而把第谷比作"欧洲的郭守敬"吗？

700多年来人们对郭守敬的评价众口一词，正如当年许衡称赞他的那样："似此人世岂易得！"在当代世界，人们又用许多新的方式表达了对郭守敬的敬意。例如，中国历史博物馆的通史展览设置了他的胸像，忠实地介绍了他的事迹。1962年12月1日，我国邮电部发行了编号"纪92"的一组8枚纪念邮票（中国古代科学家，第二组），其中有一枚是郭守敬半身画像（图106），另一枚画面是"简仪"，文字是"天文"两字，两枚邮票的面值都是20分。1970年，国际天文学联合会将月球背面的一座环形山命名为郭守敬。1978年，国际天文学联合会又将中国科学院紫金山天文台在1964年发现的一颗编号第2012的小行星正式命名为"郭守敬"。

1984年，邢台市决定为郭守敬塑造铜像和建造纪念馆。同年10月，纪念馆奠基仪式在邢台市达活泉公园隆重举行。1986年，这座占地50多宙的纪念馆正式对外开放。大门上方的匾额"郭守敬纪念馆"，是1985年12月中共中央总书记胡耀邦题写的；两侧的楹联"治水业绩江河长在，观天成就日月同辉"，系1994年9月全国人大常委会副委员长卢嘉锡所书。纪念馆门前有一座长11.2米，高4.5米的大型陶瓷影壁，影壁上镌刻的"观象先驱世代景仰"八个大字，系1986年10月全国政协副主席周培源教授所题。2010年，我国科学家自行设计研制、颇

图106 1962年邮电部发行的纪念邮票"郭守敬"（纪92.8-7）

获国际同行赞誉的"大天区面积多目标光纤光谱天文望远镜"（简称LAMOST）被冠名为"郭守敬望远镜"（图107）。

是啊，郭守敬永远值得世人景仰，他永远是中华民族的骄傲！

图107 本书作者2008年10月17日在中国科学院国家天文台兴隆基地留影，背景建筑中安装着"大天区面积多目标光纤光谱天文望远镜"（LAMOST），此镜于2010年被冠名为"郭守敬望远镜"

阅读规划进度及自我测评

01 计划阅读时间

02 实际阅读时间

03 完成度（%）

04 阅读兴趣

感兴趣□　　一般□　　没兴趣□

原因：

问题：

05 回忆一下阅读的章节，看看是否能回答出这些问题

① 你知道什么是"提丢斯—波得定则"吗？

② 海王星是如何被发现的？它的发现者是谁？

③ 冥王星为什么不是一颗大行星呢？

④ 描述你脑海中太阳系的景象，太阳系有分明的边界吗？

⑤ 郭守敬设计创造了哪些天文仪器？你知道它们分别都有怎样的功能吗？

⑥ 《授时历》的制定过程对你有什么启示？《授时历》的制定有什么影响？

⑦ 阅读"通惠河水神山来"这一小节，说一说郭守敬有哪些可贵的精神品质值得我们借鉴与学习。

⑧ 郭守敬一生勤勉，全心投入科学研究工作，为后世留下了无数宝贵的财富。根据本书的介绍，为他写一个人物小传，并与同学们分享。

06 品读细节，体察人性

在这一部分，你一定读到了一些细节，从这些细节中可以看出一个人的性格、心理活动等。摘录几处细节描写，并做简要分析，分享自己的阅读成果。

07 摘抄，积累

把你认为好的语句或段落摘抄下来，积累更多的语言素材吧！

资料链接

作者简介
ZUOZHE JIANJIE

卞毓麟

卞毓麟，1943年生，1965年南京大学天文学系毕业，在中国科学院北京天文台（今国家天文台）从事科研30余年，1998年往上海科技教育出版社致力于科技出版。现为中国科学院国家天文台客座研究员，上海科技教育出版社编审。曾任中国科普作家协会副理事长，中国天文学会常务理事，上海市天文学会副理事长，上海市科普作家协会副理事长等。著译科普图书30余种，主编和参编图书百余种，发表科普和科学文化类文章约700篇。作品屡获国家级、省部级奖，《追星——关于天文、历史、艺术与宗教的传奇》一书获2010年国家科技进步奖二等奖，短文多次入选中小学语文读本。曾获全国先进科普工作者、全国优秀科技工作者、上海科普教育创新奖科普贡献奖一等奖、上海市科技进步奖二等奖、上海市大众科学奖、中国天文学会九十周年天文学突出贡献奖等多种表彰或奖励。

　　2015年4月23日，在第二十个世界读书日到来之际，国家图书馆在国图艺术中心启动"国图公开课"并举办"国图公开课"特别活动，倡导全民阅读。著名科普作家、天文学家、出版人、"文津图书奖"获奖作者卞毓麟先生亲临国图现场，为读者带来题为"阅读与科学"的演讲。

评《星星离我们多远》①

王绶琯

进入现代科学的天文学，是从测量天体的距离发端的，同样大的目标放得近就显得大，放得远就显得小；同样亮的目标放得近就显得亮，放得远就显得暗。所以不论是用眼睛还是用望远镜观测天体，如果不知道天体的距离，所看到的只能是它们的表观现象而不是实质。例如看过去月亮和太阳就差不多一般大小，但是它们的本质却是相差很远的。

天体的距离是如此之大，除了太阳系内几个有限的目标可以用直接测量（我们在这里把雷达和激光测距也看作是直接测量）的方法定出距离外，其余的都必须借助于某些物理模型和推理。这样，从"近"处的太阳和行星，到以光年到万光年计的恒星和银河系中的其他天体，再到以百万光年直到百亿光年计的河外天体，需要有各种不同的"量天尺"来估计它们的距离。这不但涉及通常在计量工作上需要考究的测量精度、定标等等，还必须涉及基于目前我们对天体的理解而采用的各类物理模型，如变星的"周光关系"，星系的"红移"规律，等等。

把这一切串起来看，是由近到远，不同层次上的一把把"量天尺"的设置与接力，每把"量天尺"的设置都涉及当代天文学上既基本又尖

---

① 原载《科普创作》1988年第3期，文前有"编者的话"，现照录如下：

[编者的话] 王绶琯同志是中国科学院学部委员、北京天文台台长，他在射电天文学方面是一位闻名世界的科学家，工作当然很忙。可是他十分重视科普工作，尤其是积极鼓励年轻人从事科普写作，不仅如此，在百忙中他还抽出时间来亲自动笔撰写评论文章，赞许晚辈的写作成就，这就更加难能可贵了。王绶琯同志一面向广大读者介绍这本书的内容，为什么要用这个书名——《星星离我们多远》，一面评述作者的写作思路和方法，它的优点在哪里。我们欢迎老科学家多多出面给年轻人鼓气，让更多的年轻人参加科普创作的队伍；还要请老科学家多多动笔给年轻人的作品写评论。

端的问题。因此既要把每一部分各不相同的问题介绍清楚，又要能贯穿起来做到全局脉络分明，不能不说也是科普工作中的一个"既基本又尖端的问题"。

《星星离我们多远》这本小册子成功地处理了这个问题。作者用陈述故事的方式把历代天文学家创造"量天尺"的过程放到科学原理的叙述中，这样既介绍了科学知识又饶有兴味地衬托出历史人物和背景。

作者在第三章中叙述了用三角法测量月亮（以及其他合适的天文目标）的距离，作图说明，清楚易懂，拉卡伊等的故事也用得很好。

第四章颇难写好。作者用几页篇幅介绍了开普勒和开普勒定律，很生动。最后通过易懂的数学式与表介绍了开普勒第三定律，为后面的说明开了路。作者地心视差表达也很有条理，这些使得这一章读起来节节深入、弄懂问题。金星凌日是一个重要的方法，但需要转一个弯，似乎可以再用一些笔墨。

第六章说明恒星视差和光行差，这较易表达。作者借助于贝塞尔测量天鹅61的过程指出选择较近的恒星以验证三角视差法的诀窍，然后介绍了三角视差方法及其限度，这也是富有启发意义的。

用测量恒星亮度的方法测量更远的恒星距离是对三角视差法的很自然的接力。这需要对各类恒星建立"标准烛光"。作者在第七章里介绍了用恒星分光光谱定"标准烛光"的方法。这也是一般比较不易说清楚的部分。作者先介绍了星等和绝对星等的概念，接着说明了恒星光谱型和星等的关系，然后说明用分光视差法的可行性和局限性，铺叙上深入浅出，逻辑分明。

这种用恒星作"标准烛光"的方法只能使用到现有望远镜测得出光谱的恒星。对更远的恒星则无能为力。一个偶然但是非常精彩的发现使人们认识到某些变星有着光度与变光周期的一一对应关系，因此可以用它们的变光周期来作为"标准烛光"。这样只需要测量变星的亮度，而不需要难测得多的光谱，可以比分光视差方法测得更远。作者在第九章里生动地介绍了这种更长的"量天尺"。

比变星更亮的"标准烛光"是一些亮星，特别是一些特殊的极高光度的新星和超新星，它们可以作为更长的"量天尺"，但是精度差一些。

再长的"量天尺"只能由多个恒星组成的星团和星系来担任。这里再次涉及"接力"问题，以及相应天体本身的分类以定出"标准烛光"的问题。这是粗糙的但可以"量"得更远的方法。又一个偶然而精彩的发现是星系的"红移"规律。把它应用到星系和类星体，可允许量到目前观测所能及的遥远宇宙范围。这些方法的原理、作用和困难，作者在第十、十一章中渐次做了系统的介绍。

综上所述，全书介绍了从近处的月亮到极远处的类星体的距离的量、估，包含了大量的天文知识和历史知识。作品立意清新，铺叙合理，文笔流畅，是近年来天文科普中一本值得向广大读者推荐的佳作。

知识筑成了通向遥远距离的阶梯
——读《星星离我们多远》[1]

刘金沂

光速每秒为30万公里，连《西游记》中的孙大圣也望尘莫及！然而星星之间的距离就是光子也要叫远不迭。使用光在一年内所走的路程——光年为尺子来测量星星间的距离，我们现在所知道的最遥远的星系离我们达一百多亿光年！许多人会问，这么遥远的距离是怎样测量出来的，天文学家到底有什么神通能测出这样远的距离？他们的科学根据何在？这些问题并非三言两语可以讲清的。1980年底，科学普及出版社出版了《星星离我们多远》一书，系统全面地解答了这些问题。该书语言生动、深入浅出，条理清晰、趣味盎然，是近年来天文科普作品中的

---

[1] 原载《天文爱好者》1983年第1期。刘金沂，男，1942年生，1964年毕业于南京大学天文学系。在中国科学院自然科学史研究所工作多年，是一位有影响的天文史家，也是一位充满激情的科普作家。1987年春节期间，刘金沂因肝癌久治无效逝世，年仅45岁。

佳作。

　　天文学是一门奥妙无穷，令人神往的学科。它的研究目标绝大部分是遥远的天体，它们看得见，摸不着，有的甚至只能通过巨型望远镜，用照相方法经过很长的曝光时间才能在底片上留下点点影像。天文学家面对着这些对象，要测量它们的距离非得有特殊的手段和方法不可，这正是天文科学的特点之一。本书首先抓住了天文学的这一特点把读者引到了宇宙深处。

　　接着，作者以洒练的笔墨叙述了测量天体距离的各种方法。这是一张时间的进程表，也是一张知识积累的进程表。从人们在地面上经常做的开始：要测量烟囱的高度，测量河流的宽度，无须爬高，无须渡河，只要在两个不同地点观测，通过适当计算就能求得。这就是利用视差的原理测距离。最初测量天体距离的方法就是三角视差法。天文学家用三角视差法测得了第一批天体的距离，它们都不超过300光年远，再远就无能为力了。于是，"接力棒"传给了分光视差法利用恒星的光谱差别求距离，使测距达到30万光年左右。又因为远星太暗无法得到光谱，分光法失去威力。造父变星的周光关系接替了分光视差法，可以求得远达1 500万光年之遥的星系距离。对于更遥远的星系，因找不到造父变星又使测距处于困境。此时新星和超新星以其突发的巨大光度给天文学家送来了佳音，测量距离的尺子又向宇宙深处延伸了，利用超新星使可测距离达到50亿光年左右。然而超新星的光度还是"敌"不过距离的增大，对那些深空中的星系已无法辨认其个别恒星，连超新星也不可单独分离出来，而且不是所有的星系都能在短时期内找到超新星。这时只有靠星系的视大小和累积星等来判知距离了。后来，正当天文学家面对无涯的宇宙束手无策的时候，柳暗花明，星系的普遍红移又送来了一把巨尺，测距范围扩展到100亿光年的地方。

　　作者从丰富的资料中恰当裁剪，使全书贯穿着这一主线，由浅入深，由近及远，层层推开。不时伴有天文学家的趣闻逸事，发明史话，关键处常有构思巧妙的插图阐明文意，把读者带进了天文学家探索宇宙空间的艰巨行程之中，困难时为之焦虑，胜利时为之欢乐，有时又不禁为科学家的巧妙方法叫绝。读完这本书，会使你感到，天文学家凭着不懈的努力，借助天体送来的微弱光芒，征服了百亿光年的巨大空间，真是比一根头发丝上雕刻出雄壮场面的画卷有过之而无不及。然而他们毕竟胜利了，这是人类无穷智慧的象征。

这既是一本向你介绍知识的书，也是一本启迪思维的书。作者在叙述每种测距方法的时候，既不是平铺直叙，也不是只讲结果，而是伴之以发展过程，显示出天文学家解决问题时的思路，这种"与其告诉结果，不如告诉方法"的手法会使读者受益更多。最后作者还将类星体的距离之谜展现在读者面前，这是一个尚未解决的问题，给读者留下了思考的余地。

星星的距离极其遥远，人们探索天体距离的努力连续几千年，要在一本小书里描写这一切是不容易的事。作者用通俗流畅的语言，浅显易懂的比喻讲清了许多常人没有接触过的概念，还用两段间奏巧妙地将不连续的片段衔接起来，使全书浑然一体。书末，作者稍稍离开主题，以宇宙航行和希求跟"宇宙人"建立联系的努力丰富了读者的想象力，把人们带到了拜访牛郎、问候织女、归来仍年青的奇妙境界。

读完全书，掩卷回味，古往今来人们仰望天空，繁星点点、耿耿天河、天阶夜色、秋夕迷人，多少人为之陶醉，多少人赋诗抒怀。《星星离我们多远》一书却为我们展示了天文学家如何兢兢业业，利用各种巧妙方法测量天体距离的历程。我国著名天文学家、紫金山天文台台长张钰哲先生说，这是近年来写得很好的一本书。

阅读札记

我的小小摘抄本——
梦天新集：星星离我们有多远

　　我们每天都在行走，与这个世界面对面。当你走在放学的路上，看到一朵小花散发着香气，一只蝴蝶扑打着翅膀，又或者是一条小狗晃动着尾巴，你会不会感叹这是多么可爱的生物，这个世界多么美好？

　　或者你看到一段感人肺腑的文字、一本有趣的书，听到一个意味深长的故事，不禁深深地感动了。

　　这些美妙的瞬间，就像是一个个时光的珠子，串起来就能装点我们美妙的心灵世界。它们给我们带来了温暖、感动、慰藉、思索与启发。它们值得记录，也值得分享。请在这里摘录下你认为描写生动、富有哲理或让你特别感动的词语、句子或者段落。

也许此刻你还沉浸在书中奇妙的世界，也许此刻你已被深深地打动。无论此刻内心汹涌澎湃，还是感觉美妙惬意，我们都借助阅读窥见了一个新的世界，实现了心灵的成长。

　　成长是有痕迹的，它可能在一件小事里，一个小进步里，也可能在一种对我们的世界以及自我的认知里……也正是这一处处痕迹，一串串脚印，铸成了我们成长的道路。这也是阅读带给我们的意义。关于这些，你肯定有很多话想说，那就记录下来吧！

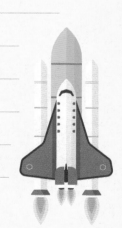